香 红

达米娜

红地球（苑亚利摄）

巨玫瑰

优无核

白鸡心无核

奥古斯特　　黄意大利（王强摄）　　红旗特早玫瑰

巨 峰　　香妃（王强摄）　　红宝石无核

早乍娜（吴国祥摄）

蜜丽莎无核

克瑞森无核（刘凤云摄）

金田皇家无核（王娜摄）

京 秀

乍娜（修德仁摄）

葡萄炭疽病危害果实及叶片状

葡萄黑痘病危害果实状

葡萄灰霉病危害果实状

葡萄毛毡病危害叶片状

农作物种植技术管理丛书

怎样提高葡萄栽培效益

（第二版）

主　编
刘捍中
副主编
程存刚　王宝亮
编著者
康国栋　迟福梅　杨立柱　刘万春
杨　玲　董丽梅　仇贵生　吴玉星
张怀江　王志华　李　敏

金盾出版社

内 容 提 要

本书由中国农业科学院果树研究所刘捍中、程存刚研究员主编和有关专家编著。书中在概述葡萄生产情况的基础上，从葡萄生态区划和品种选择，葡萄园的园址选择与建设，葡萄园的土肥水管理，葡萄设架与整形修剪，葡萄枝蔓与花果管理，葡萄病虫害防治，葡萄设施栽培，葡萄采收、采后处理与贮运保鲜等方面，指出存在的问题，阐明如何走出误区，科学种植，全面提高葡萄栽培效益的途径，并对葡萄的产品营销与经济效益，进行了客观有益的分析。全书内容翔实，分析精当，技术先进，经验实用，便于学习与操作。适合广大果农、园艺技术人员学习使用，也可供农林院校有关专业师生阅读参考。

图书在版编目(CIP)数据

怎样提高葡萄栽培效益/刘捍中主编．—2版．—北京：金盾出版社，2013．3(2019．4重印)
(农作物种植技术管理丛书)
ISBN 978-7-5082-8035-6

Ⅰ．①怎…　Ⅱ．①刘…　Ⅲ．①葡萄栽培　Ⅳ．①S663．1

中国版本图书馆CIP数据核字(2012)第283834号

金盾出版社出版、总发行
北京太平路5号(地铁万寿路站往南)
邮政编码：100036　电话：68214039　83219215
传真：68276683　网址：www．jdcbs．cn
北京天宇星印刷厂印刷、装订
各地新华书店经销
开本：850×1168 1/32　印张：6．75　彩页：4　字数：157千字
2019年4月第2版第12次印刷
印数：73 521～76 520册　定价：21．00元

再版前言

葡萄是落叶藤本植物。在生产实践中，人们把它归入果树的行列。它是我国主要的栽培果树之一，具有容易管理和经济效益高的特点。它的果实营养丰富，是适于鲜食、酿酒、制汁和制干的优良水果，深受广大消费者的欢迎。因此，葡萄生产发展迅速。为了推广葡萄栽培新技术，中国农业科学院果树研究所组织有关专家编写了《怎样提高葡萄栽培效益》一书，以期为葡萄生产服务。

本书由刘捍中和程存刚主编。全书共分十部分，第一、第八部分由康国栋和迟福梅编写；第二至第六部分由刘捍中、王宝亮、杨立柱、刘万春、杨玲和董丽梅编写；第七部分由仇贵生、吴玉星和张怀江编写；第九部分由王志华和刘捍中编写；第十部分由程存刚和李敏编写。刘捍中和程存刚对全书进行了统稿和整理工作。需要说明一下，本书中所提出的农药、化肥施用的时期、浓度和用量，都会因地区、品种和生长时间的差异，而有一定的变化，故仅供参考。

本书编写过程中，承蒙有关单位和个人的大力支持，同时又参考了国内外葡萄研究的资料和图书，并仿绘了部分插图。在此，谨向原书作者和提供资料、照片和插图的同志，表示衷心的感谢。

由于编著者水平有限，书中不妥之处，敬请指正。

编 著 者

目　录

一、葡萄栽培概况

（一）目前葡萄生产的基本情况

葡萄是全世界重要的果类植物之一。因其适应性强，果实营养丰富，经济效益高，而被世界多数国家广泛栽培。其栽培面积和产量仅次于柑橘（表 1-1），是世界五大果树之一。随着人们生活水平的提高以及环保意识的增强，发展有机（绿色）食品生产，已成为当今世界葡萄栽培的主要发展方向。

表 1-1　主要葡萄生产国 2009 年种植面积、产量和单产情况

国　名 全世界	栽培面积 （千公顷）	产　量 （吨）	单　产 （千克/公顷）
中　国	453200	5698000	125728
西班牙	949100	5879800	61951
法　国	855000	6787000	79380
意大利	799835	9256814	115734
土耳其	530000	3650000	68868
美　国	380000	6414610	168806
全世界	7320445	66413393	90723

注：资料来源于 2010 年联合国粮食及农业组织（FAO）数据。

葡萄是我国栽培较为广泛的水果植物。2009 年，全国统计 28

个省、直辖市、自治区栽植葡萄(表 1-2),栽培面积达到 493.72 千公顷,产量达到 1 020.59 万吨,葡萄栽培面积约占全国果树栽培面积的 4.23%,产量占全国水果总产量的 6.76%。

表 1-2 2009 年我国葡萄的生产情况

省(市、自治区)	栽培面积(千公顷)	产 量(万吨)	省(市、自治区)	栽培面积(千公顷)	产 量(万吨)
新 疆	114.68	193.26	广 西	12.87	18.07
河 北	63.4	105.08	宁 夏	20.21	11.58
山 东	37.9	93.57	天 津	5.18	10.8
辽 宁	26.8	69.2	云 南	9.6	16.7
河 南	29.58	46.11	湖 北	6.24	12.4
山 西	10.35	109.4	内蒙古	5.99	4.69
陕 西	23.85	25.88	福 建	5.56	9.88
四 川	16.21	20.64	贵 州	7.57	4.17
湖 南	15.22	83.92	北 京	2.13	4.07
江 苏	18.1	27.85	重 庆	3.93	3.11
吉 林	11.21	14.46	江 西	3.27	2.46
浙 江	16.99	39.04	上 海	4.18	7.12
甘 肃	13.42	41.73	黑龙江	2.47	4.22
安 徽	6.78	21.4	青 海	0.3	0.1
			全国合计	493.72	1020.59

注:资料来源于 2009 年中国种植业信息网。

近10年来，我国葡萄生产发展迅猛，栽培面积由1992年的114.04千公顷，增长至2009年的493.72千公顷，增长了332.6%；葡萄单产由1992年的87 098千克/公顷，增长至2009年的102 050千克/公顷，增长了17.2%；总产量由1992年的125.5万吨，增长至2009年的1 020.59万吨，产量增长了713.2%。

我国葡萄生产区域布局渐趋合理，已初步形成了优势产区和优质、丰产、高效生产基地。在西北、华北、环渤海湾以及黄河故道地区等葡萄优势产区，已形成了明显的优势产业带，如新疆维吾尔自治区的吐鲁番与和田，是我国最大的葡萄优势产业带。

（二）葡萄生产中存在的主要问题

1. 品种结构欠合理，盲目引进效益差

近些年来，我国葡萄生产空前发展，其栽培面积和产量增长迅速，但品种结构不尽合理。世界葡萄生产中，80%左右用于酿酒，鲜食比例较小。而我国的情况却恰恰相反，鲜食品种所占比例远远超过了酿酒品种，鲜食品种所占比例过大，并且在鲜食品种中的中晚熟品种（巨峰及巨峰群品种）所占比例过大，早熟、晚熟品种比例过少，致使葡萄果品上市集中，出现卖果难、价格低的现象。

我国葡萄生产，多数以一家一户为生产主体。因此，在葡萄品种的引进过程中，存在一定的盲目性。果农不管气候、土壤等条件，栽种前多不进行引种试栽，对品种的各种性状不了解，对栽培技术不掌握，盲目发展，导致不适宜的品种大量栽培。如20世纪90年代，某些地区大量引种红地球以及赤霞珠等品种，由于当地的无霜期短，致使植株的生育期难以满足，枝蔓与果实成熟不佳，造成了较大的经济损失。也有些地方选的品种虽好，但

是没有配套的栽培技术措施，使品种的优良性状不能得到充分发挥，致使引种失败，造成了不必要的经济损失，降低了果农的生产积极性。

2. 良种苗木繁育体系不健全，病毒病发生日趋严重

优良的品种是葡萄优质高效栽培的基础，选择优质的苗木是优质高效栽培的第一步。我国关于果树苗木繁育、推广、引进等方面的法律法规、国家及行业标准均已颁布实施，但是由于种种原因，苗木繁育、销售等环节没能完全按照法律、标准实施。近年来，大多数葡萄品种表现不出原有的性状，果个变小，成熟期延迟，着色不良，果实品质下降，产量降低，其中除气候因素、栽培技术等原因外，最主要的原因是品种种性退化，而品种种性退化的主要原因是种苗感染病毒病。最近调查发现，新栽植的苗木长到20～30厘米就停止生长，这种苗木所占比例有的地区高达90%以上，严重影响了葡萄生产的发展。苗木停止生长主要是苗木感染病毒病。造成葡萄苗木病毒病的主要原因是苗木生产企业连续使用带毒砧木和接穗，致使病毒在育苗过程中快速繁殖，导致苗木感染病毒病，并且带毒率越来越大。另外，一些不法的苗木经销商为追求利润，对苗木乱命名，致使一个品种有多个名字，对果农引种造成误导，导致一个品种重复引进，造成不必要的浪费。更有甚者以假充真，给发展种植葡萄的果农造成了很大的经济损失。这就要求强制实施规范的苗木管理方法，建立规范的良种苗木繁育体系，进行示范推广。

3. 资金投入不足，技术推广体系不健全

我国在农业科研方面的科研经费少，世界农业科研投入平均为1%，而一些发达国家农业科研经费投入已经超过5%，我国仅为0.2%左右，科研经费严重不足。经费不足，致使在葡萄新品种引进、选育以及新技术开发等方面的研究受到极大的限制，严重制约了我国葡萄产业的健康持续发展。另外，由于政府资金投入不足，部分乡镇的技术推广人员不能正常开支，甚至有的地区技术推广人员由其他部门人员替代，基本没有技术推广经费，致使新品种、新技术、新成果难以得到普及推广。

葡萄生产是劳动密集型产业，高投入才有高效益。而我国大部分葡萄园资金投入不足，相当一部分果园每667米^{2}年投入不足200元，果园管理粗放，果实品质不佳，效益低，果农生产积极性差。效益更低，投入越少，效益越低，形成恶性循环，最后刨树毁园。

4. 管理水平不高，单位面积产量超载

葡萄具有结果早、见效快、效益高、适应性强等特点，并且在我国多数地区均可栽植。近几年，我国葡萄种植面积不断扩大。但是我国葡萄总体的管理水平不高，品质问题突出，在国内外市场上缺乏市场竞争力。这主要表现在：果穗、果粒大小不一致，小果多；色泽欠佳，红色品种着色不良，果面农药污染严重；浆果含糖量低，风味淡而酸；果实病害发生严重，烂果率比例高；果品达不到卫生和安全标准。另外，部分果农盲目追求高产，而整形修剪技术、花果管理技术、土肥水管理技术以及病虫害防治技术不合理、不到位；土肥水管理不善，化肥尤其是氮肥施入量偏多；重栽轻管，重视前期管理，忽视采后管理，生产效益低，并且由于超负荷结果，造成植株早衰，使树体抗逆性差，病虫害发生严重。

5. 分散经营，产业化程度低

我国葡萄生产多数属于一家一户的个体经营，栽培品种、栽培模式、栽培管理措施各式各样，栽培技术水平参差不齐，难以进行统一的标准化、规范化管理，无法形成大的产业。销售形式主要是果农在家等客户上门收购，或由小商贩控制销售，或由果农自己到集市上销售，许多果农只好在公路两侧摆摊销售，处于被动状态。龙头企业参与销售的份额仅占一小部分，拉动作用很小，出口比例低，果品销售渠道不畅，集约化经营差。

（三）提高葡萄栽培效益的主要途径

1. 实施确实可行的科学规划

栽培区域不同的地区，自然、气候、土壤、水质等生态条件也不同，不同品种的生长发育条件也不尽相同。按照区域比较优势原则，使葡萄种植向最佳生态适应区集中。我国各地区建立葡萄生产基地，应该组织当地葡萄栽培专家论证，参考中国葡萄气候区划和葡萄品种区划进行。

2. 因地制宜，选择优良品种和品种组合

优良品种是葡萄优质高效生产的基础。优良的品种只有在适宜其生长的生态条件下，才能充分表现出其应有的优良特性。果农在发展葡萄生产时，必须在充分了解掌握本地区的有效积温、日照、降雨量分布和灾害性天气的发生规律等气候条件，以及土壤状况等方面的资料，合理选择适栽品种。一个地区具体发展什么品种，必须经过引种试验，才能确定这个品种是否在本地区生长良好，能否优质、丰产，病虫害轻。因地制宜发展葡萄优良品种，实现葡萄品种区域化，是葡萄优质高效生产的保证。

调整早、中、晚熟品种比例结构，积极发展早熟、极早熟品种，实现早、中、晚熟品种合理搭配，使葡萄果品均衡上市。

3. 建立规范的良种苗木繁育体系及技术推广体系

苗木质量的优劣，直接关系到葡萄栽植后的生长状况及结果性能。优良健壮的苗木，在良好的管理条件下，成形快，结果早，生产效益高；劣质苗木，植株生长衰弱，结果不良，生产效益低。因此，在品种选择时，必须注意苗木质量。建立规范的良种苗木繁育体系及技术推广体系，重点建设无病毒良种苗木繁育体系，保障葡萄苗木的质量，保证各项技术措施的普及推广，才能实现葡萄的优质高效生产。

4. 实施集约化、规模化和标准化生产

采用优良品种是优质高效生产的前提。要想获得高效益，必须在管理措施上采取集约化、规模化和标准化的技术措施。这样，才能够真正达到安全、优质、高效、可持续生产的目的。集约化、规范化和标准化栽培管理措施，应以安全、优质为核心，根据当地的生态区划和气候条件、土壤条件及品种特性，制定出配套的生产技术规程，推广以提高质量为主的配套技术措施，及时抹芽、定枝、摘心、疏花疏果、果实套袋，根据品种的丰产特性、立地条件和管理水平，科学控制负载量，并加强土肥水管理以及病虫害防治，综合采用高新技术，提高葡萄生产的科技含量。对葡萄生产的全过程实施质量控制，按生产绿色有机食品的要求，限制使用农药的种类和次数，全面提高葡萄产品的质量，提高葡萄生产的经济效益。大力实施、推广绿色无公害优质化葡萄栽培管理技术，采用国家制定的绿色无公害葡萄有关系列标准，进行规范化生产和标准化管理，确保生产的葡萄达到有关国家农业行业标准中的质量及卫生指标要求。

要提高果农组织化程度，鼓励建立果农协会、合作社等产、供、销一条龙的专业合作组织，降低农产品和生产资料的流通成

本，建立和发展葡萄产业的社会化服务体系；引导、鼓励和支持葡萄生产合作社、协会、公司或企业等产业一体化组织的发展，促进龙头企业或组织与果农形成利益共同体；推广并完善“公司＋农场＋农户”、“专业市场＋基地＋农户”、“合作社＋企业＋农户”等多种一体化组织模式，实现葡萄产销一体化，实施集约化、规模化生产。

二、葡萄生态区划和品种选择

(一)葡萄生态区划与品种选择中存在的主要问题

1. 没有搞好地区生态条件区划

我国幅员辽阔,各个地区的生态条件差异较大,必须细致、全面地做好调查研究工作,才能正确地了解和运用自然生态条件,使其为人类服务。如我国从南到北,跨越热带、亚热带、温带、冷温带和寒冷带等5个不同的气候带,再从东部地势低洼的沿海经中原到西部海拔高度不等的高原地区,各地的自然生态条件千差万别,想采用1～2种葡萄栽培方法模式,选用少量的几个品种,是难以实现全国性的葡萄栽培生产计划的。所以,各个地区在进行葡萄生产基地建设之前,必须搞好当地自然生态区划,摸清当地无霜期天数、气温高低、降水量多少和日照时数多少,以及地形、地貌、水文与土壤等基本情况,以便适地适树的引用及选择优良葡萄品种及砧木进行葡萄生产。

2. 没有搞好本地区葡萄生产的品种栽培区划

全国葡萄品种较多,但在生产上应用的鲜食、酿酒、制汁和制干的优良品种只有40～50种。根据植物生态同源的理论,按葡萄品种所属的种类、品种种群,各具有生长发育的特性,只有经过本地区的多点区试后,才能全面了解某些品种生长发育所需要的生态条件和其适应能力，从而确定其栽培的适宜区和次适宜区。因此，各地在建立鲜食、酿酒、制汁和制干等绿色无公害葡萄生产基地之前，必须做好本地区的生态条件区划和有关品种栽培的区试，以及对国内外市场需求情况进行调查研究，然后因地制宜地选择早、中、晚优良品种和砧木，选用相应的栽培措施，才能获得优质、高产和较高的经济效益。

（二）实行葡萄生产栽培区域化

我国葡萄生产栽培区域化工作，早在20世纪80年代，我国果树专家原北京农业大学黄辉白教授和中国农业科学院郑州果树研究所王宇霖研究员等人，参照国外发达国家葡萄区划所提出的气候指标和栽培区划的方法，结合我国实际情况提出“全国葡萄区划研究”报告，对我国葡萄生产发展和区划研究都起到先导作用。尤其是1998年中国农业科学院郑州果树研究所孔庆山、刘崇怀应国家农业部要求，在征集全国有关专家意见的基础上，对我国葡萄品种结构现状、存在问题及区域化栽培提出了新的指导意见，为2004年编写《中国葡萄志》中葡萄生态区划和品种栽培区划部分的依据，又考虑了各省区葡萄栽培现状、社会经济条件和栽培葡萄种群、品种的生态表现，以温度、降水等为主要指标，划分了葡萄栽培区，又结合各省市区行政区划与自然生态区划有较大的关联性，把全国葡萄栽培划分为7个大产区。

1. 东北中北部葡萄栽培区

包括吉林、黑龙江2个省，属于寒冷半湿润气候区。全年平均温度多＜7℃，活动积温＜3 000℃，最热月温度为21℃～23℃，冬季绝对低温多在－30℃以下，年降水量300～500毫米，由西向东逐渐偏高。本地区葡萄生产栽培要采用抗寒砧木，冬季枝蔓还要下架埋土防寒。据2009年农业部统计，吉林省、黑龙江省葡萄栽培面积分别为1 121 000公顷和248 000公顷，产量分别为144 685吨和24 206吨。葡萄的设施栽培发展较快。这种栽培方式，可以提早或延迟葡萄生长日期，满足早、中熟品种生育要求，已获得较好的经济效益。该区经过近10年的生产实践证明，较适宜的早、中熟鲜食葡萄品种有特早玫瑰、紫玉、紫珍香、京亚、乍娜、凤凰51、京秀、奥古斯特、87-1和碧香无核等；中晚熟品种有巨玫瑰、藤稔、香红、香悦和巨峰等。淘汰了紫香水、牛心和尼加拉等小粒、劣质的品种。制汁葡萄品种有北醇。

2. 西北部葡萄栽培区

我国西北葡萄栽培区属于干旱和半干旱地区，包括新疆、宁夏、甘肃、青海和内蒙古5个省、自治区。本地区的年降水量为20～500毫米，栽植葡萄主要靠河水和雪水灌溉。活动积温为3 000℃～5 000℃，多数地区最高温度平均为21℃～24℃，吐鲁番盆地高达28℃。除甘肃南部属亚热带外，新疆塔里木盆地及吐鲁番盆地属暖温带，其余均属中温带。由于该大区自然生态条件比较复杂，差异较大，故又分为4个产区。

(1)新疆葡萄产区 新疆热量资源丰富和干旱少雨的气候特点，使南疆与北疆地理纬度及海拔高度都有较大差异。但是，都有适于欧亚葡萄种群的鲜食品种和加工品种的栽培区域。新疆栽培鲜食、酿酒和制干葡萄的历史较久，不但栽培品种多，群众的生产管理和加工技术水平也较高。据2009年农业部统计，全新疆葡萄栽培面积达11 468 000公顷，产量为1 932 157吨，居全国各省、直辖市、自治区之首。

新疆最大的葡萄产区是吐鲁番地区，其葡萄栽培面积占全区的43%。它位于新疆东部天山中的一个狭长盆地，火焰山横贯中间，盆地内最暖月平均温度为28℃～34℃，7～8月份日最高温多在40℃以上，绝对最低温度－26℃，昼夜温差15℃～20℃，活动积温达5 400℃以上。年降水量少，20毫米左右。空气湿度低，为30%左右，葡萄栽培需要引入雪水灌溉。土壤以砾质沙土为主，病虫害较少，适宜栽培优质欧亚种葡萄品种。其主要品种是无核白，约占全区的80%。应引入优质、大粒丰产品种，如无核白鸡心、蜜丽莎无核和黎明无核等进行试栽。近几年已引入鲜食、大粒、优质、耐贮运的里扎马特、红地球、秋黑、红高等品种，同时也引入酿制红、白葡萄酒的赤霞珠、品丽珠、梅鹿特、黑比诺、霞多丽、雷司令、贵人香等。吐鲁番地区的鄯善县和吐鲁番县已建成5 000吨以上的大酒厂，葡萄酿酒业正在加速发展。

南疆的和田地区是新疆第二大葡萄产区，位于塔里木盆地南缘，栽培面积占全区的23%左右。无霜期为180～230天，活动积温为4 000℃～4 490℃，最暖月平均温度为25℃～27℃，绝对低温为－20.5℃，昼夜温差大，光照充足。年降水量为30～60毫米，气候比较干燥，土质沙壤，葡萄栽培需要引雪水灌溉。南疆还有喀什、阿克苏、阿图什等葡萄产区，其气候条件、栽培葡萄品种、栽培方式均与和田地区相似，葡萄栽培面积加上和田地区一起占全区的50%以上。和田地区的主栽品种为和田红葡萄，约为7 000公顷。由于有核品种制干品质较差，售价较低，正在被无核白、和田黄等优良品种代替。近年来，南疆葡萄栽培发展较快，由于生长季节较长，夏季温度适宜，是我国生产晚熟或极晚熟、优质、耐贮运品种的最佳地区之一，红地球、秋黑、红高、圣诞玫瑰及意大利等优质、大粒品种已在积极推广，大量发展。

北疆产区包括石河子、奎屯、乌苏、精河、乌鲁木齐、昌吉、克拉玛依等北疆沿天山以北一带地区和伊犁地区。靠近天山南麓海拔较高的阿克苏、库尔勒部分地区的气候条件与北疆产区相似。该区活动积温3 000℃～4 000℃，6～8月份平均温度21℃～23.9℃，年降水量100～400毫米，这里冬季寒冷，一些地方绝对低温在

—35℃以下，生育期少于160天，应用抗寒、抗旱砧木嫁接品种苗和深沟浅植栽培方法，适宜早中熟品种发展，如采用提早或延迟保护栽培措施，晚熟品种也能充分成熟。现有的葡萄主要品种为喀什喀尔、香葡萄、玫瑰香、粉红太妃、里扎马特和巨峰等。近几年来，昌吉、伊犁等地区引入大量红地球品种，栽培面积已达5 000公顷以上。实践证明，北疆地区是我国葡萄鲜食、制干的最佳生产基地。近年来，该区又建成3个葡萄酒厂，引种了赤霞珠、品丽珠、梅鹿特、黑比诺、贵人香、雷司令和霞多丽等酿制红、白葡萄酒的优良品种。

(2)甘肃及青海东部葡萄产区 甘肃省南北狭长，自然生态条件较复杂，葡萄栽培分布面也较宽，如从河西走廊西部的敦煌、安西、玉门、酒泉和肃南等地都是葡萄主要产区。据2009年农业部统计，全区葡萄栽培面积为1 342 000公顷，总产量为116 185吨。葡萄主要分布在海拔1 400米以下的沙漠绿洲。敦煌地区活动积温为3 200℃～3 700℃，年降水量较少，为50毫米左右，气候干燥，炎热。最热月平均温度25℃，年绝对低温为—25℃，葡萄栽培除采用抗寒砧木外，冬季需要埋土防寒。本区葡萄主栽品种是从新疆引入的无核白，面积已达1 000公顷以上。近年来葡萄栽培发展较快，又从内地引入一些优质、中晚熟品种，如里扎马特、红地球、瑞必尔和黑大粒等。

河西东部产区，主要是张掖、武威低海拔地区，全年平均温度7℃～8℃，最热月平均温度为21℃～22℃，年绝对最低温度为—25℃，冬季葡萄需埋土防寒。该区活动积温3 200℃，年降水量200毫米左右，夏季气候凉爽，冬季冷凉干燥，葡萄病虫害较少，生育期较长，是我国适宜葡萄栽培地区之一，栽培酿酒品种有贵人香、雷司令、黑比诺、法国兰、佳里酿等，栽培面积已达1 000公顷以上。年产“莫高”牌干红、干白葡萄酒达2 000吨以上，并且年年在增加。近年又引入优质、大粒的葡萄品种，如乍娜、里扎马特、红地球和无核白鸡心等。

甘肃东南部产区，主要有黄河沿岸的兰州、白银市等，全年平均温度为8℃～10℃，气候温暖干燥，年降水量180～500毫米，除栽植兰州大青圆葡萄品种外，又引进巨峰、里扎马特、京超和红地球等鲜食品种，还发展一些酿酒和其他加工用的优良品种。

陇东高原和陇南地区，由于年降水量400～650毫米，生长季节较长，有温带至亚热带气候特点，该地应根据气候情况积极发展优质、耐贮运的鲜食和加工新品种，供应市场。

青海产区，葡萄栽培面积较少，据2009年统计，其葡萄栽培面积不足100公顷，产量为100多吨。主要分布在西宁南部黄河沿岸，气候特点与武威相似，夏季气温凉爽，冬季寒冷，年平均温度在－7℃以下，年降水量200毫米左右，葡萄生长季节引黄河水灌溉。栽培葡萄利用抗寒、抗旱砧木，冬季还需埋土防寒。栽培的葡萄品种，除当地大青圆葡萄外，还有少量巨峰群品种。当地正在积极引种试栽优良葡萄品种，扩大栽培面积。

(3)内蒙古葡萄产区 内蒙古产区包括乌海、包头的市区和呼和浩特市托县地区。气候较干燥，年降水量300～500毫米，生长季节较短，活动积温3 000℃～3 500℃，最热月平均温度为21℃～23℃。绝对低温为－30℃，葡萄除采用抗寒、抗旱砧木嫁接苗外，冬季需要埋土防寒。据2009年农业部统计，内蒙古产区葡萄栽培总面积59 900公顷，总产量为46 983吨。其葡萄主要产区为乌海市地区，葡萄的栽培面积已达1 000余公顷。包头、呼和浩特两个市栽培面积也接近1 000公顷。以上3个市的葡萄栽培占全自治区总面积的50％以上。乌海市区主栽品种为龙眼、马奶子、无核白和无核黑等，近几年引入红地球、里扎马特、瑞必尔和无核白鸡心等优质品种。包头市和呼和浩特市区均以巨峰品种为主，欧美杂交种的早中熟品种紫珍香、京亚、巨玫瑰和欧亚品种的里扎马特、京玉、京秀等品种正在逐步取代小粒、劣质品种。

内蒙古中西部葡萄产区有狼山、阴山山脉为屏障，背风向阳，葡萄多分布在海拔较低地区，形成西蒙特殊的葡萄产区。西蒙葡萄加工业正在蓬勃兴起，包头已建成一座大葡萄酒厂。乌海市的葡萄汁、葡萄干已形成规模化生产，龙眼、巨峰葡萄的贮藏保鲜业也在发展。内蒙古的赤峰、通辽地区应用抗寒砧木贝达嫁接巨峰为主，里扎马特、潘诺尼亚等品种采用深沟浅栽方法，冬季埋土防寒越冬等措施，取得较好的经济效益。

(4)宁夏葡萄产区 宁夏葡萄主要分布在石嘴山以南的银川平原黄河灌区，其中包括宁夏北部的石嘴山沿黄河向南，经贺兰山至银川、永宁、吴忠、青铜峡、中宁、中卫等地，均属温寒带干旱地区，年平均温度 8.8℃左右，无霜期 170～180 天，年降水量不足 200 毫米，葡萄生长季节雨量少，靠引黄河水灌溉。日照充足，果实色泽好，含糖量高，病虫害较少，是建立绿色无公害食品基地良好地区之一。活动积温 3 100℃～3 500℃，最暖月平均温度 22℃～23℃，昼夜温差 16.5℃，夏季气温较温和，被称为塞外江南。冬季寒冷干燥，绝对最低温度－28℃，葡萄栽培需用抗寒砧木，深沟浅植方法，冬季还需枝蔓下架埋土防寒。根据 2009 年农业部统计，全区葡萄栽培总面积为 2 021 000 公顷，总产量为 115 827 吨。宁夏南部海原、永宁以南地区，由于海拔高，生长期短，气温偏低，只是利用河谷向阳坡地带栽培中早熟品种，永宁县在 20 世纪 80 年代就已栽 400 余公顷的鲜食及酿酒葡萄。在永宁、玉泉、西夏和广夏等地区建立了多家酿酒厂。栽培葡萄品种，有意大利、红地球、瑞必尔、无核白鸡心和红宝石无核等优质、耐贮运品种。

3. 黄土高原葡萄栽培区

黄土高原葡萄栽培区，包括陕西、山西 2 省。本区除汉中地区属亚热带湿润区，其余大部分气候温暖湿润，少数属半干旱地区。

全区活动积温 3 000℃～4 500℃，年降水量 300～700 毫米，南部偏多，北部偏少。

(1)陕西葡萄产区 陕西葡萄产区以鲜食品种为主。根据 2009 年农业部统计，陕西产区葡萄栽培面积为 2 385 000 公顷，总产量为 258 829 吨。主要分布在西安、榆林、咸阳、宝鸡和渭南等交通方便的地区。主栽品种为巨峰、玫瑰香和无核白鸡心。近年来，陕西注意发展晚熟、优质、耐贮运的鲜食品种，如红地球、黑大粒和红高等。重点在咸阳、渭南、西安和铜川市郊，以及海拔较低的洛川、延安与吴堡等县。这些地区生长期长、热量丰富，年降水量在 600 毫米以下。关中地区计划大面积发展鲜食葡萄产业，但 9 月份雨量偏多，应选用抗病的中晚熟和极晚熟品种，如香悦、巨玫瑰、红地球、夕阳红和红高等品种。陕西已拟定发展 10 000 公顷的极晚熟、耐贮运品种的规划，并在汉中地区建立起大型丹凤葡萄酒厂。

(2)山西葡萄产区 根据 2009 年农业部统计，该产区葡萄栽培面积为 103 000 公顷，总产量为 129 413 吨。主要分布在清徐、阳高和大同等地。年降水量 300～600 毫米，最暖月平均温度 21℃～24℃，光照充足，昼夜温差较大，是葡萄生产最适宜区之一，栽培的老品种有龙眼、牛奶、黑鸡心等。在太原郊区、榆次、太谷、运城、临汾和侯马等新发展地区，以巨峰和藤稔为主，还引入乍娜、里扎马特、粉红太妃和瑰宝等欧亚品种。近年来，太原和大同等地采用冷库、保鲜剂、保鲜膜等现代贮藏技术，贮藏巨峰获得成功。在临汾、运城和长治等新区，气温较高，活动积温＞3 800℃，最暖月平均温度为 23℃～26℃，绝对低温为－25℃，年降水量 500～700 毫米，是发展晚熟、耐贮运鲜食葡萄的最适宜区。现在，红地球、红意大利和瑞必尔等晚熟品种在这里的栽培面积已达 3 000 公顷左右。

4. 环渤海湾葡萄栽培区

环渤海湾产区，包括河北、辽宁、山东和京津地区，是我国葡萄目前最大的产区。

(1)河北葡萄产区 河北葡萄产区，据2009年农业部统计，其葡萄栽培面积为6 343 000公顷，总产量为1 050 802吨。主要分布在张家口、唐山、秦皇岛、沧州、廊坊和石家庄等6个葡萄产区，总栽培面积超过7 000公顷。该地区活动积温多超过4 000℃，最暖月平均温度为25℃～26℃，降水量为500～700毫米，石家庄一带雨量偏少，其他地区偏多，比较适宜发展欧亚葡萄品种和欧美杂交种的极晚熟、耐贮运优良品种。各地区主栽品种有龙眼和玫瑰香，占全省栽培面积45%左右，巨峰在新发展区较多，占全省35%，其他红地球、牛奶和里扎马特等品种占20%。红地球、黑大粒等晚熟耐贮运品种，在石家庄、保定地区栽培较多，由于生育期较长，雨量偏少，果实质量及枝条成熟都较好。

(2)辽宁葡萄产区 辽宁葡萄产区主要分布在辽西的锦州、北宁和辽南的盖县和大连等市区。据2009年统计，葡萄栽培面积为268 000公顷，总产量为642 124吨。该区活动积温为3 200℃～3 700℃，年平均温度7℃～8℃，年绝对低温为－25℃，栽培葡萄冬季需要埋土防寒。年降水量600～800毫米，辽东雨量较多，辽西偏少，仅500毫米左右。在20世纪70～80年代，巨峰为该区主栽品种，约占80%，后来引入巨峰系的高墨、先锋和藤稔等品种，以及我国选育的京亚、康太、紫珍香、香悦、巨玫瑰和夕阳红等品种，深受群众欢迎。一些欧亚鲜食品种如奥古斯特、玫瑰香、特早玫瑰、乍娜、意大利、红地球和无核白鸡心等，发展也较快，已形成新的早、中、晚品种组合，为辽宁葡萄生产、供应市场，起到了重要的作用。

(3)山东葡萄产区 根据2009年农业部统计，山东全区的葡萄栽培总面积为379 000公顷，总产量为935 686吨。主要产区为胶东半岛的烟台、蓬莱、平度和青岛等地。该区最暖月平均温度24℃～25℃，年降水量600～800毫米，年绝对低温北部在－18℃，栽培葡萄冬季需要简易防寒。由于在山东的生长期较长，葡萄早、中、晚品种都易获得优质和较高的经济效益。其栽培品种，20世纪80年代以巨峰和泽香为主，泽玉和葡萄园皇后也有少量栽培。因巨峰抗寒、抗病性强，故现已成为山东产区的主栽品种。据1999年统计，巨峰的栽培面积占全省葡萄栽培总面积的60％左右。因红地球和秋黑等晚熟、大粒、耐贮运品种的推广，给山东葡萄鲜食品种发展，带来了新的机遇。新加坡和中国香港的一些果商，计划在胶东半岛建立3 000公顷以上的红地球及大粒无核品种葡萄园，现已建成数百公顷。在鲁西南地区，因高温多雨，栽培巨峰采用1年2次结果方法，产量高，经济效益好。如金乡、曲阜果农种植巨峰，第一次果产量约为12 000千克/公顷，8月上中旬成熟；第二次果产量15 000～22 000千克/公顷，11月份成熟，此时雨量少，浆果含糖量高，色泽好，耐贮运，经济效益更好。

山东是全国葡萄酿酒业大省，张裕葡萄酿酒公司生产的干红、干白葡萄酒，在国内外驰名畅销。

(4)京津葡萄产区 京津葡萄产区主要分布于北京市的延庆、通州、顺义、大兴和天津市的汉沽地区。据2009年农业部统计，北京市和天津市的葡萄栽培面积分别为273 000公顷和518 000公顷，产量分别为40 618吨和164 500吨。栽培的主要品种为玫瑰香，约占50％。天津市汉沽区利用滨海盐碱地，采用挖沟台田、引淡水洗盐、增施有机肥、覆草防碱等措施，使土壤含盐总量降至0.25％以下，栽培葡萄生长发育良好，玫瑰香、京秀等品种浆果品质较好，成为京津市场畅销的果品，还有少量巨峰、乍娜和京玉等品种。

近几年，京津地区设施葡萄栽培发展很快，选用的品种有乍娜、京秀、87-1、凤凰51和普列文玫瑰等。设施栽培多集中在天津市的武清区和北京市的通州区。为了实现玫瑰香的保值增收,天津市在汉沽区兴建2 000多座微型节能冷库,年贮葡萄2 000多吨。天津市王朝葡萄酒厂在海拔较高的蓟县山区栽培赤霞珠和品丽珠酿制红葡萄酒,栽培贵人香和白诗南酿制白葡萄酒,这些名牌产品在国内外市场早已驰名畅销。

5. 黄河故道葡萄栽培区

该区包括河南全省及山东鲁西南、江苏北部及安徽北部产区。除河南南阳盆地属亚热带湿润区外,其余均属暖温带半湿润区。无霜期为200～220天,活动积温4 000℃～5 000℃,7月份平均温度为27℃,年降水量600～900毫米。该区气温较高、多湿,适宜抗病虫、耐湿热的欧美杂交种的一些品种发展。到1987年,以河南为主的黄河故道产区葡萄栽培面积已超过21 000公顷,到1997年,黄河故道地区的葡萄面积调整到19 100公顷。近几年,故道地区葡萄生产发展较快,据2009年农业部统计,河南省葡萄栽培面积为2 958 000公顷,产量达461 083吨,成为全国葡萄第五大生产省。由于葡萄栽培技术及套袋方法的改进,除发展欧美杂交种品种外,欧亚晚熟耐贮运品种,如红地球、秋黑、瑞必尔和黑大粒等,也有较快发展。

近年来,该区利用抗性强的欧美杂交品种、美洲种的制汁品种,如康可、郑25号和康拜尔等,发展制汁生产,效果较好。

黄河故道葡萄酒业集中在东部经济发展地区,主要有河南民权、苏北连云港和安徽萧县等,都兴建起较大的葡萄酒厂,栽培酿酒品种是选用抗病、耐湿的佳里酿、白羽、赤霞珠和贵人香等优良品种。

6. 南方葡萄栽培区

南方产区为长江中下游以南的亚热带、热带湿润区，包括上海、江苏、浙江、福建、台湾、江西、安徽、湖北、湖南、广东、广西、海南及四川、重庆、云南、贵州、西藏等 17 个省、直辖市、自治区的部分地区，为美洲种和欧美杂交种的次适宜和特殊栽培区。葡萄产区主要集中在长江流域的各省市，依次为四川、江苏、湖北、台湾、浙江、安徽和湖南，栽培总面积约 50 000 公顷，占全国总面积的 20%以上。

在 20 世纪 80 年代，本产区出现了巨峰栽培热潮。此时，一些抗性较强的其他欧美杂交品种，也引入南方，如藤稔、先锋、康太、京超、红瑞宝、吉香和希姆劳德等。随着避雨设施栽培和果实套袋技术在上海、浙江和江苏等地的兴起，一些抗性强的欧亚种优良品种也被引入，如黄意大利、圣诞玫瑰、瑞必尔、黑大粒、美人指、潘诺尼亚、乍娜和 8611 等。

(1)南亚热带及热带葡萄产区　我国南亚热带以南地区主要在台湾和两广地区。台湾在 20 世纪中期起步至今，葡萄栽培面积已超过 5 000 多公顷，集中分布在台湾中北部的苗栗、台中和彰化。栽培品种以巨峰为主，康贝尔、高沙、尼加拉和红冠次之，也有少量抗性强的欧亚品种，如黄意大利、新玫瑰等品种。加工品种有金香、黑后和康可等。砧木采用抗根瘤蚜、抗寒、抗旱的 3309C 和抗湿、抗旱性强的 2102C 等。

2009 年我国农业部统计，广西葡萄栽培总面积达 1 287 000 公顷，总产量为 1 807 000 吨，广东分布较少。

(2)北亚热带和中亚热带葡萄产区　长江三角洲及东部沿海等北亚热带省份，是我国南方经济最发达地区之一。其中，江苏、浙江及上海的葡萄栽培总面积为 3 927 000 公顷，约占南方产区葡萄栽培面积的 27%。

上海市的葡萄产区主要集中在嘉定县及市郊，总面积近 1 500 公顷，现在有避雨设施栽培面积 30 多公顷，上海市农业科学院园艺所、上海农学院等单位通过设施棚内铺反光膜等技术措施，改善棚内光照条件，并提出前期促成与后期避雨相结合的方法，适宜在南方多雨地区应用。又运用套袋栽培与综合防病措施，使果实产值提高 1 倍以上。其中，套袋栽培是南方绿色无公害葡萄生产的重要技术措施。

据 2009 年农业部统计，江苏、浙江 2 省葡萄栽培面积分别为 181 000 公顷和 1 699 000 公顷，产量分别为 208 509 吨和 390 359 吨，是南方省区的领先者。江苏省主要在无锡、苏州和镇江等市，栽培品种主要为巨峰。由于当地高温多湿，采用高主干、双主蔓、短侧蔓和结果枝组双枝更新相结合的方法，在棚架上栽培模式，取得巨峰优质化的效果。浙江葡萄栽培品种也以巨峰为主，占 85% 左右，还有少量的藤稔、紫珍香、京优、峰后等品种，也有欧亚品种的乍娜、京秀等，在设施栽培中取得较好的经济效益。

福建省葡萄集中在福州市的福安、福清及建瓯等地。据 2009 年农业部统计，葡萄总栽培面积为 556 000 公顷，总产量为 9 880 000 吨。葡萄品种以巨峰为主，占 70%以上，白香蕉占 20%。栽培技术采用适地高畦、大苗定植的棚架栽培，树形为高干自由扇形，结合控产、整穗、稀粒和病虫害综合防治措施，获得较好的经济效益。

南方内陆省、市、自治区以四川省（含重庆市）葡萄栽培面积较大。据农业部 2009 年统计，其葡萄栽培面积为 2 014 000 公顷（含重庆市 393 000 公顷），产量为 237 494 吨（含重庆市 31 124 吨）。其次为湖南省，栽培面积 152 200 公顷，产量为 83 892 吨；安徽省葡萄栽培面积为 678 000 公顷，产量为 214 046 吨；湖北省葡萄栽培面积为 624 000 公顷，产量为 132 644 吨；江西省葡萄栽培面积为 237 000 公顷，产量为 24 564 吨。上述 6 省（市）葡萄栽培面积占南方省区总面积的 50%左右。葡萄品种以巨峰为主，栽培面积占葡萄总面积的80%左右。其他品种还有藤稔、白香蕉、康拜尔和吉香等。在安徽省萧县,玫瑰香品种较适宜,果实品质优良。在湖北省武汉市和十堰市,湖南省衡阳、怀化和娄底市,安徽省合肥,江西省南昌,四川省成都的龙泉驿区等,都大量引入巨峰品种,经多年探索,掌握了防止落花落果的技术措施,巨峰、藤稔栽培面积不断扩大。近年来,对优质化栽培、避雨栽培和病虫害综合防治方面,已引起广泛重视。

7. 云、贵、川高原半湿润葡萄栽培区

该产区包括云南省的昆明、楚雄、大理、玉溪、曲靖和红河州等高原地区,贵州省的西北部河谷地区及四川西部马尔康以南、雅江、小金、茂县、理县和巴塘等西部高原河谷地区。

该区川西高原及云贵高原山岳耸立,河谷深邃,地貌复杂,具有立体性气候,素有"一山有四季,十里不同天"之称,气候类型的多样性在云、贵、川一些地区和河谷地带形成了适宜葡萄生长发育的小气候。四川西部高海拔地区近些年在阿坝州、甘孜州、攀西南部分地区已发展一些鲜食和酿酒葡萄。

该区总的气候为垂直分布,上下差异较大,多数地区无霜期为200～300天,活动积温3 000℃～5 000℃,7月份平均温度20℃左右,年降水量500～800毫米,个别地区雨量分布不均,云雾较少,日照时数多在2 000小时左右,适宜葡萄栽培。

云南为我国老葡萄栽培区,始于唐朝。据2009年农业部统计,葡萄栽培总面积96 000公顷,总产量为167 090吨,以昆明和红河州较集中,玉溪、曲靖次之。鲜食葡萄主要集中在弥勒坝区,品种以巨峰系为主。在特殊小气候区能栽植欧亚种早熟品种凤凰51、乍娜、无核白鸡心等。云南红葡萄酒厂推动发展葡萄酿酒业,根据酒种、酒型对气候要求,选择适宜发展品种,种植著名酿酒品种,如梅鹿特、赤霞珠、霞多丽、白玉霓等。

据2009年农业部统计，四川省葡萄栽培面积为1 621 000公顷，产量为20 640 000吨，主要集中在四川西部高原地区，包括攀西南地区和川西干旱河谷地区。攀西南部地区葡萄主要在攀枝花市的仁和、米易、西区，这里春季干热，适合早熟鲜食品种和酿酒品种生长。攀枝花市恩威酒业公司在原有千吨葡萄酒产量的基础上，正在扩大栽培面积和葡萄酒的生产。

川西干旱河谷地区由岷江上游的7个县和大渡河流域上中游3个县的河谷构成，该区葡萄生长期190～220天，冬季温暖，夏季温凉不酷热，日温差较大，乍娜8月中旬成熟，色泽紫黑，玫瑰香9月上中旬成熟，含糖量达18%～21%，品质极佳，主要产区是阿坝州3个县，即茂县、理县和小金。此地区小气候优越，适宜葡萄生长发育，小块土地有几百亩，大块有万亩以上，呈零散带状分布，总面积为10 000～20 000公顷，发展葡萄潜力较大。

据2009年农业部统计，贵州省葡萄栽培总面积757 000公顷，产量为41 734吨，主要分布在余庆、毕节地区的河谷一带，以巨峰品种为主。

（三）实现葡萄生产品种良种化

部分葡萄新产区没有按当地自然生态条件进行葡萄品种区划，不能按生产用途和国内市场的需求情况选择品质优良，耐贮运性强和市场畅销的早、中、晚熟品种，建立绿色无公害食品葡萄生产基地。

1. 鲜食有核优良品种

各地应选择果粒重在6克以上，品质优良，早果丰产，色泽鲜艳，外观美丽，适应性强，耐贮运品种。

(1)红旗特早玫瑰（简称特早玫瑰） 欧亚种。系山东省红旗园艺场选育出的早熟、丰产新品种，2001年青岛市科委组织专家鉴定并命名。树势中庸，适宜北方地区栽培。自然果穗圆锥形，平均单穗重550克，最大穗重1 200克，果粒着生紧密。果粒近圆形，果顶似乍娜有3～4条浅沟纹，平均粒重8.5克，果皮紫红色，皮薄较脆，果粉少。果肉细脆，硬度适中，有玫瑰香味，含可溶性固形物15%左右、酸0.45%，酸甜适口，品质极佳。采前不裂果、不落粒，注意控制土壤水分，防止裂果。

在辽宁兴城，4月下旬萌芽，6月上旬开花，7月下旬果实成熟，属极早熟品种，抗逆性中等。芽眼萌发率75%，结果枝率80%，丰产。适于立架、"T"字形架式、自由小扇形、"V"字形树形，冬季采用中短梢修剪。适于露地和设施栽培。

(2)乍娜与早乍娜(90-1) 欧亚种。二倍体。早乍娜是河南省科技大学园艺所从乍娜中选出的早熟芽变，2001年通过河南省科技厅品种鉴定。树势较强，适宜北方干旱地区栽培。自然果穗圆锥形，平均单穗重520克，最大穗重1 000克，果粒着生紧密。果粒近圆形，果顶有3～4条浅沟纹是该品种特征，平均粒重8.5克，最大粒重15克。果皮紫红色，中等厚，果粉薄，果肉硬脆，含可溶性固形物14.5%，含酸低，清香适口，微有玫瑰香味，鲜食品质佳。果实不落粒，裂果轻，采前应控制土壤水分。

在辽宁兴城，4月下旬萌芽，6月上旬开花，7月中旬果实成熟，从萌芽至果实成熟需90天左右，早乍娜比乍娜提早10天左右成熟，二者其他性状相似。对黑痘病、霜霉病抗性较弱，需加强防治。适于全国各地露地和设施栽培。

(3)玫瑰早 欧亚种。系河北科技师范学院等单位以乍娜与郑州早红(玫瑰香×莎巴珍珠)杂交选出的新品种。树势中庸，适宜北方地区栽培。自然果穗圆锥形，平均单穗重650克，最大穗重1 500克，果粒着生紧密。果粒近圆形，果顶似母本乍娜，有3～4条浅沟纹，平均粒重7.5克，最大粒重12克。果皮紫黑色，中等厚，果粉薄。果肉细致较脆，有玫瑰香味，含可溶性固形物16.2%，甜酸适口，鲜食品质极佳。果实无落果，不裂果，耐贮运。

在河北昌黎，4月中旬萌芽，5月下旬开花，7月下旬果实成熟，属极早熟品种。抗逆性比乍娜强，适于露地和设施栽培。

(4)仲夏紫 欧亚种。2003年河南省商丘市农林科研所在引进山东省平度市红旗特早玫瑰苗木中，发现1株果实色泽深紫红色，香味浓郁的芽变植株。经过4年嫁接与扦插繁殖试栽，其优良性状稳定。在2008年经河南省商丘市农业局组织鉴定并定名。该品种果实色泽鲜艳，品质极佳，可以在我国葡萄产区推广。果穗圆锥形，平均单穗重725克，最大穗重1 880克。果粒近圆形，着生紧密，有果粉，平均粒重8.8克，最大粒重13.6克。果肉稍脆，硬度适中，有浓郁玫瑰香味，含可溶性固形物16%，汁液中多，味甜。其植株生长特征及管理技术与红旗特早玫瑰相似。

(5)京秀 欧亚种。系中国科学院北京植物园于1981年用潘诺尼亚与60-3(玫瑰香×红无籽露)杂交育成。1994年通过品种鉴定。树势中庸偏强，适宜北方地区栽培。自然果穗圆锥形，平均单穗重450克，最大穗重500克，果粒着生较紧密。果粒椭圆形，平均粒重6.5克，最大粒重8克。果皮紫红色，中等厚，较脆。果肉硬脆，味香甜多汁，含可溶性固形物15%～17.5%、酸0.46%，有玫瑰香味，品质极佳。

在北京和兴城，萌芽期分别为4月下旬和5月上旬，开花期5月下旬和6月上旬，果实成熟期7月下旬至8月上旬，从萌芽至果实成熟需110天左右。芽眼萌发率为65%，结果枝率48%。抗逆力较强，但抗白腐病、炭疽病力较弱。

(6)凤凰51号 欧亚种。系大连市农科所1975年用白玫瑰与绯红杂交育出的新品种。树势中庸偏强，适宜北方地区栽培。自然果穗圆锥形，有歧肩，平均单穗重462克，最大穗重1 000克，坐果率高,果粒着生紧密。果粒近圆形,果顶似父本乍娜,有3～4条浅沟纹,疏果后,平均粒重7.5克,最大粒重12.5克。果皮紫红色,较薄,果肉细硬较脆,有浓玫瑰香味,含可溶性固形物15.5%、酸0.55%,味甜酸适口,品质极佳。果实无裂果,不落粒,耐贮运。

在辽宁兴城,4月下旬萌芽,6月中旬开花,8月中旬果实成熟,属早熟品种。芽眼萌发率69%,结果枝率56%,副梢结实力中等,幼树早果性强,丰产。适于露地和设施栽培。

(7)香妃及红香妃 欧亚种。系中国农业科学院果树研究所从北京市林业果树研究所引入香妃苗中发现的红色芽变单株,红色性状稳定,经过专家鉴定可以推广,适宜北方地区栽培。自然果穗圆锥形,平均单穗重450克,最大穗重520克,果粒着生紧密。果粒近圆形,平均粒重7.6克,最大粒重9.2克。香妃果皮绿黄色,后者玫瑰红色,二者果皮较薄而脆,果粉中等厚,果肉硬脆,汁中多,味甜,均有浓玫瑰香味,含可溶性固形物15.5%、酸0.55%,品质极佳。

在辽宁兴城,4月下旬萌芽,6月上旬开花,8月中旬果实成熟。树势中庸,芽眼萌发率75%,结果枝率65%,副梢结实力强,二次果品质也优良。

植株生长势、果实品质、丰产性和抗逆性均与香妃接近,只是幼叶背面茸毛较多,成叶裂刻比香妃略深,叶缘锯齿较锐。二者抗穗轴褐枯病、灰霉病力较强,抗白腐病、黑痘病力中等。适于露地和设施栽培。

(8)奥古斯特 欧亚种。二倍体,系罗马尼亚用意大利和葡萄园皇后杂交育成的品种。1996年引入我国。树势中庸,适宜北方地区栽培。自然果穗圆锥形,平均单穗重580克,最大穗重1 500克,果粒着生紧密。果粒短椭圆形,疏果后,平均粒重8.3克,最大粒重12.5克。果皮黄绿色,中等厚,果粉薄。果肉硬脆,味甜适口,稍有玫瑰香味,含可溶性固形物15%、酸0.43%,鲜食品质佳。

果实无裂果和落粒，耐贮运。

在辽宁兴城，4月下旬萌芽，6月上旬开花，7月下旬至8月上旬果实成熟。芽眼萌发率85%，结果枝率62%，副梢结果力强，丰产。早果性强。抗寒，抗旱，抗黑痘病、白腐病、灰霉病力强，抗霜霉病中等。枝条易成熟，注意夏季管理和果穗修剪，合理留果。适于篱架、"T"字形架和中短梢混合修剪。适于露地和设施栽培。

(9)着色香 欧美杂交种。二倍体。1961年辽宁省盐碱地利用研究所用玫瑰露与罗也尔玫瑰杂交育成。1968年委托吉林、山东、河北等省果树研究所和中国农业科学院兴城、郑州果树研究区试。2007年又委托辽宁省果树研究所、大连市农科院研究所、新城市果树研究所等单位再次区试。经多年区试证明着色香葡萄品种品质优良、丰产稳产、适应性强。2009年8月通过辽宁省种子管理局审定和品种备案。其葡萄果穗圆柱形，有副穗，平均单穗重275克，果粒着生紧密。果粒椭圆形，粒重5～6克，经赤霉素处理达8～10克，果皮粉红色至紫红色。果肉较松，有浓郁草莓香味。含可溶性固形物18%～22%、酸0.55%，出汁率78%，制汁、酿酒味香，色、质优良。是鲜食、制汁、酿酒较好的新品种。

树势较强，枝条成熟好。芽眼萌芽率79%，结果枝率65%，副梢结实牢固。物候期在辽宁盘锦地区，4月下旬萌芽，6月上旬开花，7月上中旬果实成熟。抗寒性强，在辽西简易防寒条件下可安全越冬。并对盐碱，在含盐0.2%以下的轻碱土中，正常生长，结果丰产。适于各地区露地和保护地栽培的优良品种。因抗性强，果实成熟早，丰产，经济效益高，深受广大群众欢迎。在2012年荣获农业部金奖。

(10)光辉 欧美杂交种。四倍体。沈阳市林业果树研究所2003年用香悦与京亚杂交育成。2010年9月通过辽宁省农作物品种委员会审定。自然果穗圆锥形，有歧肩，整齐，果粒着生中密，平均单重穗大小均匀，穗重560克。果粒近圆形，平均粒重10.2

克。果皮紫黑色,较厚,果粉厚。果肉较软汁多,含可溶性固形物16%、酸0.5%、维生素C 32.3毫克/100克,有草莓香味,酸甜适口,品质上等。

在沈阳地区,4月下旬萌芽,6月上旬开花,8月下旬果实成熟。秋季枝条易成熟,芽眼萌发率68%,结果枝率70%。两性花,自然授粉坐果率高,易丰产。在露地和设施中栽培,因适应性强,抗病、结果率高,成熟早、丰产。在市场经济价值高。

(11)京香玉 欧亚种。中国科学院植物研究所,于1997年用京秀与绯红杂交育成。2004年在各地进行区试,适宜露地和设施栽培。2006年命名。2007年12月通过北京市林果品种审定委员会审定。果穗圆锥形,有双歧肩,果粒着生中等大小整齐,平均单穗重463.2克。果粒椭圆形,平均粒重8.2克,黄绿色,果粉薄。果皮中等厚。果肉脆,汁液中多,有玫瑰香味,风味甜酸。含可溶性固形物14.5%~15.8%、酸0.51%。品质极佳。

树势较强,枝条成熟好。芽眼萌发率68.9%,结果率59.2%,副梢结实力中等。果性好,果穗、果粒成熟一致,丰产。在北京地区,4月中旬萌芽,5月下旬开花,8月上旬成熟。是早熟、优良鲜食品种。

(12)碧玉香 欧美杂种。二倍体。辽宁省盐碱地利用研究所在1961年用绿山与尼加拉朵杂交育成,是鲜食、制汁葡萄早熟新品种。2009年8月通过辽宁省品种审定和命名。自然果穗圆锥形,平均单穗重205克,果粒着生中等紧密。果粒椭圆形,平均粒重4克,经赤霉素处理可达6~8克。果皮绿色,透明,果粉中厚,稍有肉囊。有浓郁草莓香味,极甜。含可溶性固形物19%、糖15.88%、酸0.54%,出汁率69%。品质优。

树势强,萌芽率91.67%,结果枝75%,副梢结果力中等。丰产、稳产,是优秀的早中熟葡萄鲜食兼制汁品种。在辽宁盘锦地区,4月中旬萌芽,6月上旬开花,8月中下旬果实成熟。无裂果、无落粒，适应性强，在土壤含盐0.2%以下生长、结果良好。适宜在东北、华北露地和保护地栽培，因抗寒性和抗病力强，有浓草莓香味，品质好，成熟早，深受广大群众喜爱。

(13)早黑宝 欧亚种。山西省果树研究所以玫宝与早玫瑰杂交的种子，用秋水仙素诱变加倍。育成四倍体鲜食新品种。2001年通过省级品种委员会审定。自然果穗圆锥形，有歧肩，果粒着生较紧密，单穗重426克。果粒短椭圆形，平均粒重7.5克，果粉厚。果皮紫黑色，较厚、韧，果肉较软，果实成熟后有浓郁玫瑰香味，味甜适口。含可溶性固形物15.8%，品质极上等。

在山西晋中地区，4月中旬萌芽，5月下旬开花，7月下旬果实成熟。树势中庸，平均萌芽率66.7%，结果枝率56.0%，坐果率平均31.2%，副梢结实率中等。丰产性强。该品种在露地和保护地栽培，因品种适应性强，果实成熟早，有浓香，市场前景十分广阔。

(14)87-1 欧亚种。1987年是鞍山东郊区在玫瑰香葡萄园中选出极早熟色艳、优质、丰产的单株繁殖而来。自然果穗圆锥形，平均单穗重520克，果粒着生紧密。果粒短椭圆形，疏果后平均粒重6.5克。果皮中厚。紫红色至紫黑色，果肉细致稍脆，果汁中多味甜，有浓玫瑰香味。含可溶性固形物15%～16.5%，品质极佳，果实耐贮运。

在辽宁兴城，4月下旬萌芽，5月中旬开花，7月下旬至8月上旬果实成熟。

植株生长势中庸，抗逆性较强，结果枝率68%，丰产，副梢结实力强。因生长势中庸，叶片中大、抗性较强、果实早熟，在露地和保护地栽培均好，经济效益较高。

(15)红双味 欧美杂交种。山东省葡萄酿酒研究所用葡萄园皇后与红香蕉(玫瑰香×白香蕉)杂交育成。1994年通过省级鉴定。自然果穗圆锥形，果粒着生紧密，成熟一致，平均单穗重608克。果粒椭圆形，疏果后平均粒重6.2克。果皮紫红色，果粉中厚,肉软多汁。果实成熟前以香蕉为主,后期以玫瑰香为主。含可溶性固形物17.5%~21.0%,品质佳。

在山东济南地区,4月上旬萌芽,7月上中旬果实成熟,属极早熟品种。早春枝条萌芽率70%以上,结果枝率达62%,副梢结果力强。其抗病力较强,丰产性好。适宜露天和保护地栽培,因抗性强,果实成熟早,经济效益高。

(16)香红 欧美杂交种。四倍体。系辽宁省农业科学院园艺所1991年用巨峰与瑰香怡(沈阳玫瑰×巨峰)杂交选育的新品种。1998年中国农业科学院果树研究所引入,并在辽西试栽推广。2006年通过省级品种鉴定,后改名为状元红。树势强,适宜南北方栽培。自然果穗圆锥形,平均单穗重580克,最大穗重1 200克,果粒着生紧密。果粒近圆形,疏果后,平均粒重10.5克,最大粒重14.6克。果皮紫红色或暗紫红色,中等厚,有果粉。果肉细致稍硬,味甜多汁,有浓玫瑰香味,含可溶性固形物16.2%,品质极上等。

在辽宁兴城,4月下旬萌芽,6月上旬开花,9月上旬果实成熟。幼树早果性强,芽眼萌发率82%,结果枝率75%。果实不裂果,不落粒,耐贮运。抗逆性强,抗寒、抗旱,对黑痘病、白腐病均有较强抗性,对霜霉病抗性中等。

(17)香悦 欧美杂交种。四倍体。系辽宁省农业科学院园艺所1981年用紫香水(四倍体)与沈阳玫瑰杂交育出的新品种。1998年中国农业科学院果树研究所引入,在辽宁西部试栽,生长、结果表现良好。树势旺,南北方均可栽培。自然果穗圆锥形,平均单穗重560克,最大穗重1 080克,果粒着生较紧。果粒近圆形,疏果后,平均粒重9.8克,最大粒重15克。果皮紫黑色,中厚,果粉中等。果肉较硬,味甜多汁,有浓玫瑰香味,含可溶性固形物14.8%,酸味少,鲜食品质佳。果实无裂果,不落粒,耐贮运。

在辽宁兴城,4月下旬萌芽,6月上中旬开花,8月下旬果实成熟。芽眼萌发率高，结果枝率65%，丰产。因叶片大，要注意调整叶幕，增加光照。抗逆性强，抗黑痘病、白腐病和灰霉病均强。适于棚架栽培和中短梢修剪。

(18)维多利亚 欧亚种。二倍体。系罗马尼亚用绯红与保尔加尔杂交育出。1996年引入我国。树势中庸偏强，适宜北方地区栽培。自然果穗圆锥形，平均单穗重630克，最大穗重1 200克，果粒着生中等紧密。果粒长椭圆形，疏果后，平均粒重9.5克，最大粒重15克。果皮黄绿色，中等厚而脆。果肉硬脆，味甜适口，微有玫瑰香味，含可溶性固形物16%、酸0.37%，鲜食品质佳。果实不脱粒，不裂果，耐贮运。

在辽宁兴城，5月上旬萌芽，6月上旬开花，8月中旬果实成熟，属中熟品种。芽眼萌发率高达80%以上，结果枝率65%，副梢结实力强，丰产。适应性强，抗寒、抗干旱，抗灰霉病能力强，抗白腐病、霜霉病力中等。

(19)紫丰 欧美杂交种。二倍体。系辽宁省盐碱地研究所用黑汉与奈格拉杂交育成。1985年发表，当年通过辽宁省级品种鉴定。植株生长势强。自然果穗呈双歧肩圆锥形，果粒着生紧密，平均单穗重500克，最大穗重1 600克。果粒圆形，平均粒重5.27克，果皮紫黑色，着色一致，果粉厚，无肉囊，肉细多汁，含可溶性固形物16%、酸0.45%，出汁率77%，品味适口，果肉与种子易分离，品质优良。

在辽宁盘锦、锦州，4月下旬萌芽，5月下旬开花，8月下旬果实成熟。芽眼萌发率75%，结果枝率73%。该品种抗寒、抗病力均强，并且耐盐碱。早果、无落粒、丰产。经辽宁、吉林、河北等地区试栽，适应性强，表现良好，可以广泛推广。

(20)里扎马特 又称玫瑰牛奶，欧亚种。系前苏联用可口甘与匹尔干斯基杂交育成。我国20世纪70年代从日本引进，在我国西北、华北表现良好。自然果穗圆锥形，有分枝，平均单穗重

1 200 克，最大穗重 2 500 克，果粒多着生松散。果粒长椭圆形，疏果后，平均粒重 12 克，最大粒重 15 克。果皮紫红色，较薄，果粉薄。果肉细而质脆，汁多，清香爽口，含可溶性固形物 15.2%、酸 0.68%，鲜食品质极佳。果实不裂果，不落粒，较耐贮运。

在辽宁兴城，5 月上旬萌芽，6 月中旬开花，8 月中旬果实成熟，果实生长期约 120 天。芽眼萌发率高达 80%，结果枝率 32%，副梢结果力弱，丰产性中等。抗旱性强，抗寒力、抗病力中等，夏季增施磷、钾肥，促进花芽分化与枝条成熟。果穗上多留叶片，防止日灼。适于棚架和中长梢修剪。

(21)巨玫瑰　欧美杂交种。四倍体。系辽宁省大连市农科所 1993 年用沈阳玫瑰与巨峰杂交育成。2003 年中国农业科学院果树研究所引入试栽。树势较强，适宜南北方栽培。自然果穗圆锥形，有副穗，平均单穗重 650 克，最大穗重 1 100 克，果粒着生中等紧密。果粒椭圆形，疏果后，平均粒重 9 克，最大粒重 15 克。果皮紫红色，中等厚，果粉薄。果肉细嫩偏软，果汁中多，白色，味甜酸，含可溶性固形物 19%、酸 0.43%，有浓玫瑰香味，鲜食品质极佳。种子少，1～2 粒。果实无裂果，不落粒，较耐贮运。

在辽宁兴城，5 月上旬萌芽，6 月中旬开花，9 月上中旬果实成熟，果实生长期约 125 天。芽眼萌发率 82%，结果枝率 69.5%，副梢结实力强，早果性好，丰产。抗逆性强，抗黑痘病、白腐病、炭疽病能力较强，抗霜霉病力较弱。要注意喷药防止落叶。适于各种架式、树形和以短梢为主的冬剪方法。其他管理与巨峰相同。

(22)藤稔　欧美杂交种。四倍体。系日本用井川 682 与先锋育成。1986 年引入我国。树势中等，适宜南北方栽培。自然果穗圆锥形，平均单穗重 450 克，最大穗重 850 克，果粒着生紧密。果粒近圆形或短椭圆形，疏果后，平均粒重 12 克，最大粒重 28 克。果皮紫黑色，中等厚，果粉较薄。肉质细致偏软，味甜多汁，有浓草莓香味，含可溶性固形物 17%，鲜食品质佳。果实较耐贮运。

在辽宁兴城，4月下旬萌芽，5月下旬开花，7月上旬着色，8月上中旬果实成熟。枝条易成熟，芽眼萌发率85%，结果枝率70%，丰产。适应性强，抗寒，耐湿，对黑痘病、霜霉病、白腐病的抗性较强，抗灰霉病力弱。采收时无裂果、无脱粒。栽培管理同巨峰。

(23)葡萄园皇后　又称皇后，欧亚种。1951年从匈牙利引进，用莎巴珍珠与伊丽莎白杂交育成。树势中等，适宜北方地区栽培。平均单穗重465克，最大穗重1 200克，果粒着生中等紧密。果粒椭圆形，疏果后，平均粒重6.5克，最大粒重9.4克。果皮黄绿色，中等厚，较脆，果粉中等厚。果肉细致而脆，汁中多，味酸甜适口，微有玫瑰香味，含可溶性固形物15%、酸0.55%，鲜食品质佳。果实不裂果、不脱粒，耐贮运。

在北京地区，4月下旬萌芽，5月下旬开花，8月上中旬果实成熟，从萌芽至浆果成熟需120天，属中早熟品种。芽眼萌发率66.5%，结果枝率46%，夏芽副梢结实力强，早果性好。坐果率高，丰产。抗旱、抗寒力中等，抗黑痘病、白腐病性弱。适于各种架式和树形，以中短梢修剪为主。

(24)巨峰　欧美杂交种。四倍体。系日本用石原早生(康拜尔大粒芽变)与森田尼杂交育成，是日本的主栽品种。我国1958年引入，适宜我国南北方栽培。自然果穗圆锥形，平均单穗重550克，最大穗重1 250克，果粒着生中等紧密。果粒椭圆形，疏果后，平均粒重10克，最大粒重15克。果皮中等厚，紫黑色，果粉厚。果肉较软，有肉囊，有草莓香味，多汁，含可溶性固形物17%～19%。适时采收，鲜食品质佳。

在辽宁省西部，5月上旬萌芽，6月中旬开花，8月中旬着色，9月上中旬果实成熟。植株幼树生长势强，芽眼萌发率70%，结果枝率65%，副梢结实力和早果性强，能二次结果，丰产。抗逆性强，抗寒力中等，对黑痘病、霜霉病抗性较强，对灰霉病和穗轴褐枯病抗性较弱。对抹芽、定枝、稀穗、疏粒、摘心等管理要求适时适量，才能稳产、高效。

(25)意大利　又称黄意大利。欧亚种。二倍体。系意大利用比坎与玫瑰香杂交育成的品种。我国 1955 年引入。树势中强，适宜北方地区栽培。自然果穗圆锥形，平均单穗重 512 克，最大穗重 1 250 克，果粒着生中度紧密。果粒椭圆形，平均粒重 7.2 克，最大粒重 15.3 克。果皮绿黄色，中等厚，较脆，果粉厚。果肉细脆，汁多，有玫瑰香味，含可溶性固形物 17%、酸 0.48%，鲜食品质佳。果实采前无裂果、不落粒，耐贮运。

在辽宁兴城，4 月下旬萌芽，5 月下旬开花，9 月下旬果实成熟。芽眼萌发率 62%，结果枝率 45%，副梢结实力弱，早果性好，丰产。抗逆性较强，抗黑痘病、白腐病力强，抗白粉病力中等，易感霜霉病。适于各类架式、树形及中短梢修剪，在正常肥水管理条件，易获得丰产、高效。

(26)白玫瑰　又称亚历山大。欧亚种。是世界上古老品种，我国南北方都有分布。树势强，适宜北方地区栽培。自然果穗圆锥形，有副穗，平均单穗重 530 克，最大穗重 1 500 克，果粒着生中等紧密。果粒椭圆形，疏果后，平均粒重 8.2 克，最大粒重 12.5 克。果皮黄绿色，较薄，果粉厚。果肉致密爽脆，汁中多，偏甜，有玫瑰香味，含可溶性固形物 17.5%、酸 0.65%，鲜食品质极佳。果实无落果，较耐贮运。

在河北昌黎，4 月下旬萌芽，6 月上旬开花，9 月中旬果实成熟。芽眼萌发率 54%，结果枝率 42%，副梢结实力强，丰产性好。抗黑痘病、白腐病力中等，不抗炭疽病，易发生日灼病，加强肥水管理，控制产量，促进枝条成熟。

(27)白莲子　又称保尔加尔。欧亚种。1953 年从保加利亚引入。树势中庸，适宜北方地区栽培。自然果穗圆锥形，平均单穗重 550 克，最大穗重 1 200 克，果粒着生较紧密。果粒椭圆形，疏果后，平均粒重 8.5 克，最大粒重 12 克。果皮黄白色，较薄。果肉细脆，汁多，味酸甜，含可溶性固形物16.3%、酸0.45%，鲜食品质佳。果实成熟时无落粒，耐贮运。

在北京地区，4月中旬萌芽，5月下旬开花，9月上旬果实成熟。芽眼萌发率86%，结果枝率68%，丰产。副梢结实力和早果性强。抗逆性中等，抗黑痘病力弱，抗白腐病力中等，注意加强病虫害防治和肥水管理，促进枝蔓充实成熟。

(28)红高 欧亚种。系日本1988年发现的意大利的红色芽变，二倍体。树势中等，适宜北方地区栽培。自然果穗圆锥形，有副穗，平均单穗重625克，最大穗重1 120克，果粒着生紧密。果粒短椭圆形，疏果后，平均粒重9克，最大粒重15克。果皮紫红色，中等厚，果粉中等厚。果肉细致而稍脆，味甜多汁，含可溶性固形物18.5%，有浓玫瑰香味，鲜食品质极佳。果实采收时不裂果、无落粒，耐贮运。

在辽宁兴城，5月上旬萌芽，6月中旬开花，9月下旬果实成熟，属晚熟品种。芽眼萌发率92%，结果枝率68%，枝条易成熟，副梢结实力中等，丰产。抗逆性、抗病性较强。

(29)红地球 又称晚红、红提。欧亚种。二倍体。系美国加州大学用(皇帝×L12-80)与S45-48杂交育成。1987年引入我国。生长势旺，适宜北方较干旱地区栽培。自然果穗圆锥形，平均单穗重880克，最大穗重2 200克，果粒着生紧密。果粒近圆形，疏果后，平均粒重12.5克，最大粒重16.7克。果皮紫红色，套袋果为玫瑰红色，果皮薄而韧，果粉中等厚。果肉硬脆，味甜适口，含可溶性固形物16.3%、酸0.53%，汁多，无香味，鲜食品质佳。果实着生牢固，极耐贮运。

在辽宁兴城，5月上旬萌芽，6月中旬开花，8月上中旬果实着色，9月下旬至10月上旬果实成熟，从萌芽至果实成熟需150天左右，活动积温3 500℃，属晚熟品种。芽眼萌发率65%，结果枝率68.3%，隐芽萌发率和夏芽副梢结果力均较强，极丰产。抗逆性中等,抗黑痘病、白腐病力较弱。适于各种棚架和龙蔓形、扇形树形,冬剪以中短梢混合修剪较好。

(30)玫瑰香 欧亚种。二倍体。系英国用白玫瑰与黑汉杂交育成。1900年引入我国。树势中庸,适宜北方地区栽培。自然果穗圆锥形,平均单穗重350克,最大穗重820克,果粒着生中等紧密。果粒椭圆形,疏果后,平均粒重6.2克,最大粒重7.5克。果皮紫黑色,中等厚,果粉较厚。果肉细致较软,多汁,有浓玫瑰香味,含可溶性固形物18%、酸0.5%,香甜适口,品质极佳。果实无裂果、不落粒,较耐贮运。

在辽宁省兴城,5月上旬发芽,6月中旬开花,9月中下旬果实成熟,从萌芽至果实成熟需135天左右,属中晚熟品种。芽眼萌发率65%,结果枝率57%,坐果率偏低,结果母枝芽眼第一至第五芽均能抽出结果枝,副梢结实力强,丰产。抗逆性中等,较耐盐碱,易染黑痘病、霜霉病。要应用抗性砧木贝达和5BB等提高适应性。需加强肥水管理和控制产量,提高果实品质能获得较高的经济效益。

(31)吉香 欧美杂交种。四倍体。系吉林省龙潭乡葡萄园发现白香蕉的大粒芽变。1974年通过吉林省品种鉴定并命名。树势强,适宜南北方栽培。自然果穗圆锥形,平均单穗重612克,最大穗重1 250克,果粒着生紧密。果粒短椭圆形,疏果后,平均粒重9.2克,最大粒重12.5克。果皮黄绿色至金黄色,皮较薄。果肉绿色而硬,味香甜,多汁,有浓草莓味,含可溶性固形物16.2%,鲜食品质佳。过熟时易落粒,应适时采收。较耐贮运。

在吉林市郊区,5月上旬萌芽,6月中旬开花,9月上中旬果实成熟,比白香蕉早熟7~10天。结果枝率57%,副梢结实力强,丰产。抗逆性强,抗寒,抗黑痘病、霜霉病、炭疽病力较强,耐湿性也较强,适于在南方高温较湿地区栽培,较丰产。

(32)达米娜 欧亚种。二倍体。系罗马尼亚用比坎与玫瑰香杂交育成。1996年引入我国。树势中庸，适宜北方地区栽培。自然果穗圆锥形，平均单穗重550克，最大穗重650克，果粒着生较紧密。果粒短圆锥形，疏果后，平均粒重8克，最大粒重14.5克。果皮紫红色，中等厚，果粉多。果肉细致较脆，有玫瑰香味，含可溶性固形物16%，鲜食品质极佳。果实不裂果、不落粒，耐贮运。

在辽宁兴城，5月上旬萌芽，6月上旬开花，9月下旬果实成熟。结果枝率56%，坐果率高，极丰产。抗逆性强，抗寒、抗病力均强。

(33)秋黑 欧亚种。系美国加州大学用美人指与黑玫瑰杂交育成。1987年引入我国。树势强，适宜北方地区栽培。自然果穗长圆锥形，平均单穗重720克，最大穗重1 500克，果粒着生紧密。果粒阔卵圆形，疏果后，平均粒重10.5克，最大粒重14克。果皮蓝黑色，较厚，果粉较厚。果肉硬脆，肉皮较难分离，汁中多，味酸甜，含可溶性固形物15.2%、酸0.5%，鲜食品质佳。果粒着生牢固，极耐贮运。

在辽西地区，5月上旬萌芽，6月中旬开花，8月下旬着色，10月上中旬果实成熟。结果枝率70%，丰产，基芽和副梢结实力弱。抗逆性较强。适于露地绿化和盆景观赏栽培。

(34)龙眼 欧亚种。原产自我国。树势强，适宜北方地区栽培。自然果穗圆锥形，有歧肩，平均单穗重694克，最大穗重2 800克，果粒着生中等紧密。果粒近圆形，疏果后，平均粒重6.5克，最大粒重7.8克。果皮紫红色，较厚，果粉灰白色，较厚。果肉细密，偏软，多汁，味酸甜适口，无香味，含可溶性固形物20.4%、酸0.8%，出汁率75%。果实不裂果、不落粒，极耐贮运。

在河北昌黎，5月上旬萌芽，6月上旬开花，10月上旬果实成熟，属极晚熟品种。芽眼萌发率85.5%，结果枝率52%，坐果率高，极丰产。适应性强，耐干旱，耐瘠薄性、抗寒力中等，抗黑痘病、白腐病、霜霉病力弱。是鲜食、酿酒兼用的优良品种。

2. 无核优良品种

(1)奥迪亚无核 欧亚种。系罗马尼亚用利必亚与波尔莱特杂交育成。1996年引入我国。树势强,适宜北方地区栽培。自然果穗圆锥形,平均单穗重350克,最大穗重570克,果粒着生紧密。果粒椭圆形,疏果后,平均粒重4克,最大粒重5.2克。果皮紫黑色或蓝黑色,有灰白色果粉,较厚。果肉较硬脆,汁中多,味甜,无核,含可溶性固形物16.5%,酸甜适口,鲜食品质佳。

在辽宁兴城,4月下旬萌芽,5月下旬开花,7月下旬至8月上旬果实成熟,从萌芽至果实成熟需110～120天。芽眼萌发率高,结果枝率达55.3%。抗逆性较强,抗寒力、抗黑痘病力强,抗白腐病、灰霉病力中等。设施栽培表现优良。

(2)金星无核 欧美杂交种。二倍体。系美国用Alden与N.Y46000杂交育成。1988年引入我国。树势强,适宜南北方栽培。自然果穗圆柱形,平均单穗重260克,最大穗重450克,果粒着生紧密。果粒近圆形,平均粒重4.4克,最大粒重7.5克。果皮蓝黑色,中厚,果粉厚。肉质偏软,有浓草莓香味,含可溶性固形物17%、酸0.55%,鲜食品质佳。无核。果刷长,无落粒,耐贮运。果实经赤霉素处理后,可增大1～2倍。

在辽宁兴城,4月下旬萌芽,6月上旬开花,8月上中旬果实成熟。芽眼萌发率高达85%,结果枝率90%,坐果率高,副梢结实力强,丰产。抗逆性强,抗高温、抗湿、抗寒、抗病性均强。适宜设施栽培。

(3)黎明无核 欧亚种。系美国用Gold与Perlette杂交育成。1986年引入我国。树势较强,适宜北方地区栽培。自然果穗短圆锥形,平均单穗重450克,最大穗重780克,果粒着生紧密。果粒近圆形,平均粒重5.8克,最大粒重7.2克。果皮黄绿色,中等厚,果粉薄。果肉硬脆,绿色,汁多,甜酸,皮肉不易分离,含可溶性固形物18.5%，含酸量少，无核，鲜食品质佳。经赤霉素处理果粒可增大1倍以上。是无核鲜食、制干的优良品种之一。

在辽西地区，5月上旬萌芽，6月中旬开花，8月中旬果实成熟，从萌芽至果实成熟需120天左右，属早中熟品种。芽眼萌发率71%，结果枝率70%，枝条花芽分化好，易早果丰产。抗逆性强，抗寒，抗旱，抗黑痘病、白腐病均强。对赤霉素处理敏感，用50～100毫克/升可使果实膨大。适于棚架和中长梢混合修剪。

(4)黑奇无核 又称奇妙无核。欧亚种。系美国加利福尼亚州1982年用B36-27与P64-18杂交育成。1997年引入我国。生长势强，适宜北方地区栽培。自然果穗圆锥形，平均单穗重520克，最大穗重750克，果粒着生中等紧密。果粒长椭圆形，平均粒重6.5克，最大粒重8克。果皮紫黑色，中等厚。果肉白绿色，半透明，肉质硬脆，果皮与果肉不易分离，含可溶性固形物18%，含酸量低，无核，有玫瑰香味，品质极佳。果刷长，无落粒，无裂果，耐贮运。

在辽宁兴城，5月上旬萌芽，6月中旬开花，8月中旬果实成熟，属早中熟品种。芽眼萌发率68%，结果枝率42%，副梢二次结果力强，产量中上等。若新梢过旺，形成花芽少，生产上采用少施氮肥，增施磷、钾肥和应用环剥等方法促进花芽形成与提高坐果率，效果较好。抗逆性较好，抗寒，抗旱，抗黑痘病、白腐病力强，抗灰霉病力中等。

(5)白鸡心无核 又称森田尼无核、世纪无核。欧亚种。二倍体。系美国加州大学用Gold与Q25-6杂交育成。1983年引入我国。树势强，适宜北方地区栽培。自然果穗长圆锥形，平均单穗重629克，最大穗重1 200克，果粒着生紧密。果粒鸡心形，平均粒重5.5克，最大粒重9.2克。果皮黄绿色，较薄，果粉少。果肉硬脆，汁少，味甜，含可溶性固形物16%、酸0.55%，有玫瑰香味，无核，鲜食品质极佳。是鲜食、制干优良丰产品种。无裂果、无落粒，耐贮运。

在辽宁省兴城，5月上旬萌芽，6月上中旬开花，8月中下旬果实成熟。芽眼萌发率55%，结果枝率74.4%，副梢结实力强，丰产。适宜中长梢修剪。抗病性中等，抗寒力强。适宜设施栽培。

(6)蜜丽莎无核 欧亚种。系美国用克瑞森无核与B40-28杂交育成。1999年引入我国。树势强，适宜北方地区栽培。自然果穗圆锥形，有歧肩，平均单穗重500克，最大穗重1 000克，果粒着生中等紧密。果粒长椭圆形，平均粒重5.6克，最大粒重7.8克；果皮黄绿色，中等厚，果粉少，果皮与果肉不易分离。果肉硬脆，汁中多，味甜，有玫瑰香味，含可溶性固形物18%，鲜食品质佳。果实不落粒、不裂果，耐贮运。

在辽西地区，5月上旬萌芽，6月上中旬开花，8月下旬果实成熟，生长期125～130天，属中晚熟品种。芽眼萌发率高达80%，结果枝率52%，坐果率高，丰产。适应性强，抗寒、抗旱性好，抗病性中等。适宜长中梢混合修剪和环剥提高花芽形成及增大果粒。是制干和鲜食兼用的优良无核品种之一。

(7)水晶无核 欧亚种。系新疆石河子葡萄研究所用葡萄园皇后与底来特杂交育成。树势强，适宜北方干旱地区栽培。自然果穗圆锥形，平均单穗重700克，最大穗重1 400克，果粒着生中等紧密。果粒长椭圆形，平均粒重5.5克，最大粒重9克。果皮黄绿色，较薄，果粉中等厚。果肉硬脆，半透明，汁中多，味甜，无核，含可溶性固形物20%、酸0.55%。

在新疆石河子，5月下旬萌芽，6月下旬开花，8月上旬果实成熟，生长期约120天，属早中熟品种。芽眼萌发率高达82%，结果枝率62.6%，丰产。适于棚架和中长梢混合修剪。抗逆性中等偏强。是优良的制干和鲜食葡萄新品种。

(8)优无核 又称超级无核。欧亚种。系美国加利福尼亚州用绯红与未定名的无核杂种后代杂交育成。1990年引入我国，已在辽宁、山东和新疆等地试栽。树势较强，适宜北方地区栽培。自然果穗圆锥形，平均单穗重 630 克，最大穗重 1 200 克，果粒着生较紧密。果粒近圆形，平均粒重 5.5 克，最大粒重 7.5 克。果皮黄绿色，中等厚。果肉硬脆，味甜，多汁。无核。含可溶性固形物 17.5%、酸 0.52%。稍有玫瑰香味，品质佳。果实不裂果、无落粒，耐贮运。是优良的鲜食、制干品种。

在辽宁兴城，5 月上旬萌芽，6 月上旬开花，8 月下旬果实成熟，属中熟品种。芽眼萌发率 62.3%，结果枝率 58.5%，较丰产。抗寒、抗病性较强。适于棚架和中长梢修剪。需加强肥水和夏季管理，控制徒长，促进花芽形成和枝条充实成熟。

(9)红宝石无核 又称鲁贝无核。欧亚种。系 1968 年美国加利福尼亚大学用皇帝与 pirovrano75 杂交育成。1983 年引入我国。树势强，适宜北方地区栽培。自然果穗长圆锥形，平均单穗重 650 克，最大穗重 1 500 克，果粒着生紧密。果粒椭圆形，平均粒重 4.2 克，最大粒重 5.5 克。果皮紫红色，较薄，果粉中等厚。果肉硬脆，半透明，味甜，汁多，含可溶性固形物 17.5%、酸 0.45%，微有玫瑰香味，鲜食品质佳。果实不落粒，耐贮运。

在辽宁兴城，5 月下旬萌芽，6 月上旬开花，9 月下旬果实成熟。芽眼萌发率 62%，结果枝率 45%，丰产。适应性强，抗黑痘病性强，抗白腐病力中等，成熟期遇雨有裂果，注意排水。适于棚架和中短梢修剪。

(10)克里森无核 又称克瑞森无核、绯红无核。欧亚种。二倍体。美国加利福尼亚州于 1983 年用 C33-99 与皇帝杂交育成。1998 年引入我国。树势强，适宜北方地区栽培。自然果穗圆锥形，有歧肩，平均单穗重 500 克，最大穗重 1 200 克，果粒着生中等紧密。果粒椭圆形，平均粒重 4.2 克，最大粒重 6.5 克。果皮紫红色，中等厚，果粉较厚，果皮与果肉不易分离。果肉浅黄色，半透明，肉质细脆，汁中多，清香味甜，含可溶性固形物 18.8%、酸

0.75%，品质极佳。果实无落粒、不裂果，耐贮运。

在辽宁兴城，5月上旬萌芽，6月上旬开花，10月上旬果实成熟，生长期150天左右。芽眼萌发率60%，枝条成熟好，结果枝率45%，丰产。用赤霉素处理果实，可增大粒重50%左右。适应性强，抗寒，抗黑痘病、白腐病性强。适于棚架和中长梢修剪。注意夏季修剪和肥水管理，防止新梢徒长，影响花芽形成和枝条成熟。

(11)金田皇家无核 欧亚品种。二倍体。系河北省科技师范技术学院等单位以牛奶葡萄为母本与皇家秋天杂交育成的晚熟、大粒、无核新品种。2007年通过河北省林业局品种鉴定和定名。植株生长势中庸。结果枝占28.6%。果穗圆锥形，有歧肩，平均单穗重915克，果粒着生紧密。果粒长椭圆形，经赤霉素处理后，平均粒重7.3克。紫红色，着色一致，果粉中等，果梗短，拉力强。果皮中等厚，果肉较脆，味清香，酸甜，品质上等。含可溶性固形物19.6%。

在河北、山东和辽宁等地区试栽，生长和结果表现良好。秋季采用长、中、短梢混合修剪，春夏季及时抹除无用芽和副梢摘心，修剪花序，产量调整在3 000千克/公顷左右为宜。

(12)碧香无核 欧亚种。系吉林省松江市新庙镇初明文在1994年用1851与莎巴珍珠杂交育成。2003年经吉林省农作物品种审定委员会审定通过。自然果穗圆锥形，双歧肩，平均单穗重600克，最大穗重1 200克，果粒着生密度适中。果粒近圆形，平均粒重4克，疏粒后，粒重可达5克。果皮黄绿色，果粉薄，果肉细脆。果皮与果肉不易分离，自然无核。含可溶性固形物22%、酸0.25%，味甜，有浓玫瑰香味，品质极佳。不落粒、不裂果，较耐运输。该品种表现抗寒、抗病性强。品质优。无核。丰产。适于在东北、华北推广。

贝达砧的嫁接树生长势中等。芽眼萌发率80%，结果枝率70%，坐果率高，丰产。适于小棚架(4米×0.5米)栽培，每667

米^2 产量应控制在1 500～2 000千克。

在辽宁兴城，5月上中旬萌芽，6月中旬开花，8月上旬果实成熟，属极早熟品种。

3. 酿酒优良品种

(1)赤霞珠 又称解百纳。欧亚种。是世界上酿制红葡萄酒的优良品种。适宜北方地区栽培。果穗圆锥形，有副穗，平均单穗重150～175克，果粒着生紧密。果粒圆形，紫黑色，粒重1.5～2.1克。果皮厚，色素丰富，果粉厚。果肉多汁，出汁率70%，有悦人草莓香，含糖18%、酸0.7%。酿造的干红葡萄酒深宝石红色，醇厚，有浓郁香味，回味极佳。

生长势中等偏强，芽眼萌发率80%，结果枝率70%，结实力强，易早期丰产，产量高。在山东济南，4月下旬萌芽，6月上旬开花，10月上旬果实成熟。适应性强，抗寒、抗病性较强。

(2)品丽珠 欧亚种。原产自法国。是世界上栽培量较多的品种。树势强，适宜环渤海湾地区栽培。果穗短圆锥形，有副穗，单穗重200～450克，果粒着生紧密。果粒近圆形，紫黑色，平均粒重2.3克。果皮厚，果粉厚，出汁率75%，含糖18%、酸0.8%。酿制的干红葡萄酒宝石红色，果香、酒香和谐，酒体完美。

在山东烟台，4月中旬萌芽，5月底开花，9月中下旬果实成熟。芽眼萌发率78%，结果枝率77%，产量较高。抗逆性较强，抗病性中等，但抗白腐病、炭疽病较强，耐盐碱、耐瘠薄，抗寒力弱。结果早，易丰产。喜沙土，控制肥水，防止徒长。注意限产栽培，提高质量，增加葡萄酒的颜色和酒色。

(3)梅鹿特 欧亚种。原产自法国。适宜西北部地区栽培。果穗圆锥形，有歧肩，平均单穗重189克，果粒着生中等紧密。果粒短卵圆形或近圆形，紫黑色，粒重1.8～2.5克。果皮中厚，色素丰富，肉嫩多汁，出汁率74%，含糖20%、酸0.71%，有青草香味。

酿造的干红葡萄酒红宝石色,酒体丰满、柔和淡雅,鲜酒成熟快,居我国酿制红葡萄酒品种第二位。

在山东济南,4月中旬萌芽,6月上旬开花,9月中旬浆果成熟。抗病性较强,抗逆性中等,喜肥水。生长势强,芽眼萌发率81%,结果枝率75%,极易早期丰产。在我国山东、河北、新疆和西北地区各省普遍栽培,面积有5 000多公顷。

(4)黑比诺 欧亚种。在我国河南、上海、安徽、内蒙古、辽宁等地推广栽培。果穗圆柱形或圆锥形,平均单穗重234克,最大穗重300克。果粒椭圆形,紫黑色,平均粒重2.5克。果皮中等厚,果肉致密,汁中多,出汁率73%,含可溶性固形物15%~21%、酸0.65%。酿制的葡萄酒宝石红色,澄清透明,有纯果香味,味细腻,回味绵长,鲜酒成熟快,贮多年酒香和风味不变。

树势中等,芽眼萌发率73.6%,结果枝率65%。在河北沙城,4月中旬萌芽,6月上旬开花,9月上中旬果实成熟。抗逆性强,抗寒,抗干旱,抗白腐病较强,抗黑痘病、霜霉病、炭疽病、房枯病中等。1965年在中国酿酒品种鉴定会上被评为8个优良酿酒品种之一。

(5)法国兰 原产自奥地利,是东欧各国主栽品种。很早就在我国胶东地区栽培。果穗中大,圆柱形,双歧肩,紧密。果粒中大,蓝黑色,果粉浓,果皮厚,果肉软,多汁。

从萌芽至果实成熟需130~140天。树势较强,枝条直立,风土适应性强。较抗炭疽病、黑痘病,易感白粉病和根癌病。丰产性强,适于立架栽培,中梢修剪。酿制的葡萄酒为艳丽红宝石色,酒体协调,酒香、果香均佳。

(6)白诗南 系法国、南非的主栽品种,在美国、阿根廷栽培较多,总面积7万多公顷。在我国山东、新疆等地都有栽培。树势较强,表现适应性强,每果枝有花序1.8个,极丰产。抗性较好,对灰霉病、白腐病抗性弱。果穗中大,圆锥形,有歧肩。果粒圆形,粒重

1.43～1.62 克，肉软，多汁，黄绿色，味清香。含可溶性固形物 17%～20%、酸 0.8%～0.9%，出汁率 70%～75%。可生产干白葡萄酒、甜白葡萄酒，酒色浅绿黄色，澄清透明，有浓郁的果香和优雅的蜂蜜香气，酒体丰满，醇和协调，品质佳。

(7)贵人香 又称意斯林。原产自意大利。是世界上酿制白葡萄酒的优良品种。在重庆、上海、山东、陕西、河南、内蒙古、河北均有栽培。果穗圆柱形，有副穗，平均单穗重 195 克，最大穗重 405 克，果粒着生极紧。果粒近圆形，果皮黄绿色，中等厚，平均粒重 1.7 克，最大粒重 3 克。果肉致密，汁中多，味甜，酸少，含可溶性固形物 22%、酸 0.52%。酿制的酒淡黄色，澄清透明，酒香悦人，柔和爽口，酒体丰满，回味绵长，原酒贮存多年酒香协调，口味醇和，酒质优良。

树势中等，芽眼萌发率 70%，结果枝率 52%，易早期丰产。在河北昌黎，4 月中旬萌芽，6 月上旬开花，9 月中旬果实成熟。果实耐贮运。抗病性中等，对毛毡病、霜霉病抗性弱，抗白腐病。1965 年在中国酿酒品种鉴定会上被评为 8 个优良酿酒品种之一。

(8)白雅 欧亚种。树势强。适宜我国中北部地区栽培。果穗圆锥形或圆柱形，有副穗，平均单穗重 579 克，最大穗重 610 克，果粒着生紧密。果粒近圆形，绿黄色，平均粒重 4.6 克，最大粒重 5 克，果皮中等厚。果肉致密，柔软多汁，出汁率 80%，含可溶性固形物 16.8%、酸 0.68%。酿制的白葡萄酒淡黄色，澄清透明，浓香味正，清爽利口，回味绵长，老熟快，酒质极优。原酒存酿多年酒香不变，并有特殊的甜香味，酒体充沛。

在河北昌黎，4 月下旬萌芽，6 月上旬开花，9 月中旬果实成熟。芽眼萌发率 59.8%，结果枝率 55%，易早结果，产量高。抗寒，耐干旱，耐盐碱，抗白腐病、毛毡病力较强，抗黑痘病、炭疽病、霜霉病力中等，抗白粉病力弱。本品种是酿造白葡萄酒、甜白葡萄酒、白兰地和香槟酒的优良原料。1965 年在中国酿酒品种鉴定会上被评为8个优良酿酒品种之一。

4. 制汁优良品种

(1)康拜尔 欧美杂交种。原产自美国。树势强，适宜我国南北方地区栽培。是鲜食和制汁兼用品种。果穗圆锥形，有副穗，果粒着生中等紧密，平均单穗重445克，最大穗重650克。果粒椭圆形，平均粒重4.9克。果皮紫黑色，较厚，果粉厚。果肉软，有肉囊，汁中多，有浓草莓香味，含糖16％、酸0.6％。果实鲜食和制汁品质中等。

在辽宁省兴城，5月中旬萌芽，6月上旬开花，8月上中旬果实成熟。芽眼萌发率86％，结果枝率64％，早果，丰产。抗寒、抗湿力强，抗旱力较差，抗盐碱力中等，抗病力强。

(2)玫瑰露 又称底拉洼。欧美杂交种。原产自美国。树势中等。适宜我国南北方栽培。是鲜食和制汁兼用品种。果穗圆柱形，有副穗，果粒着生紧密，平均单穗重104克，最大穗重250克。果粒近圆形，平均粒重1.7克，最大粒重2.5克。果皮紫红色，中等厚，果粉厚。果肉软，有肉囊，汁中多，味酸甜，有草莓香味，出汁率78％。鲜食、制汁品质中上等。

芽眼萌发率73.4％，结果枝率62.5％，早果性强，较丰产。在辽西地区，5月上旬萌芽，6月下旬开花，8月上中旬浆果成熟。适应性广，抗寒、抗病力强，易栽培。

5. 无核制干优良品种

(1)无核白 欧亚种。原产自中亚，是中国古老品种。树势强，适宜北方干旱地区栽培。果穗长圆锥形，有歧肩，平均单穗重227克，最大穗重1 200克以上，果粒着生中等紧密。果粒椭圆形，平均粒重1.5克。果皮黄白色，果皮、果粉均薄。果肉淡绿色，质脆，汁少，味甜。含可溶性固形物21％～25％、酸0.3％。制干率

23％～25％。鲜食、制干品质均优良。

在新疆吐鲁番地区，4 月上旬萌芽，5 月中旬开花，8 月下旬浆果成熟。芽眼萌发率 86.6％，结果枝率 58％，夏芽副梢结实力中等。抗旱、抗高湿性强，抗寒、抗病性中等。在我国新疆吐鲁番、鄯善，甘肃敦煌，宁夏银川，内蒙古乌海等地广泛栽培。

(2)京早晶 欧亚种。是北京植物园于 1960 年用葡萄园皇后与无核白杂交育成，1984 年通过北京市审定。适宜我国北方干旱地区栽培。果穗圆锥形，有副穗，果粒着生紧密，平均单穗重 428 克，最大穗重 1 250 克。果粒椭圆形，平均粒重 3 克，最大粒重 5 克。果皮薄而脆，黄绿色，果粉薄。肉质脆，多汁，味酸甜。含可溶性固形物 16.4％～20.3％、酸 0.47％～0.62％。鲜食、制干和制罐品质均上等。

在北京地区，4 月中旬萌芽，5 月下旬开花，7 月下旬浆果成熟，属早熟品种。芽眼萌发率 71.3％，结果枝率 57％，早果性好，抗寒、抗旱性强，易感白腐病、霜霉病。该品种在河北、新疆、甘肃、内蒙古及东北地区均有较大面积栽培。可在露地和设施中栽培。

另外，昆香无核、碧香无核和黎明无核，均可用作制干和鲜食品种栽培。

三、葡萄园的园址选择与建设

（一）园址选择和建设中存在的主要问题

1. 不重视园址选择

我国有些地区对园址选择认识不足，认为有地能栽葡萄就可以了。其结果所选的葡萄园址，有的没有远离污染源，有的土壤、水、空气环境条件较差，不利于果品的安全优质生产。

2. 建园缺乏科学的规划

有的果农认为，在园地上栽上葡萄苗木就行了，因此不从葡萄园的实际出发，不按葡萄园必须具有的项目进行建设。有的项目虽然建设，但也不按实际需要进行，只图省事，不讲实效。因此，葡萄园的效益并不能令人满意。

（二）提高建园效益的方法

1. 科学选择园址

(1)掌握选址条件 选择葡萄园地址必须按 NY/T 391—2000《绿色食品 产地环境技术条件》和 NY/T 5087—2002《无公害食品 鲜食葡萄产地环境条件》标准执行。要求在无工矿企业的废气、废水、废物等“三废”对空气、灌溉水和土壤环境污染，并远离公路、铁路干线，避开城市垃圾的地区，建立绿色食品葡萄生产基地，采用现代化的科学管理技术，才能生产出对人们食用安全，对环境无污染，并在国内外市场畅销的绿色食品。规定的具体标准见表3-1至表3-3。

表3-1　空气中各项污染物的指标要求　（标准状态）

项　目		指　标	
		日平均	1小时平均
总悬浮颗粒物（毫克/米^3）	≤	0.30	—
二氧化硫（毫克/米^3）	≤	0.15	0.50
氮氧化物（毫克/米^3）	≤	0.10	0.15
氟化物	≤	7微克/米^3 1.8微克/（分米^2·天） （挂片法）	20微克/米^3

注：1. 日平均指任何一日的平均指标。
　　2. 1小时平均指任何一小时的平均指标。
　　3. 连续采样3天，1天3次，早、中和晚各1次。
　　4. 氟化物采样可用动力采样滤膜法或用石灰滤纸挂片法，分别按各自规定的指标执行，石灰滤纸挂片法挂置7天。

表3-2　农田灌溉水中各项污染物的指标要求

项　目		指　标
pH值		5.5～8.5
总汞（毫克/升）	≤	0.001
总镉（毫克/升）	≤	0.005
总砷（毫克/升）	≤	0.05
总铅（毫克/升）	≤	0.1

续表 3-2

项　目		指　标
六价铬(毫克/升)	≤	0.1
氟化物(毫克/升)	≤	2.0
粪大肠菌群(个/升)	≤	10000

注:灌溉菜园用的地表水需测粪大肠菌群,其他情况不测粪大肠菌群。

表 3-3　土壤中各项污染物的指标要求　(毫克/千克)

耕作条件		旱　田			水　田		
pH 值		<6.5	6.5～7.5	>7.5	<6.5	6.5～7.5	>7.5
镉	≤	0.30	0.30	0.40	0.30	0.30	0.40
汞	≤	0.25	0.30	0.35	0.30	0.40	0.40
砷	≤	25	20	20	20	20	15
铅	≤	50	50	50	50	50	50
铬	≤	120	120	120	120	120	120
铜	≤	50	60	60	50	60	60

注:1. 果园土壤中的铜限量为旱田中的铜限量的 1 倍。

2. 水旱轮作用的标准值取严不取宽。

(2)选址建园应注意的问题

①在本地区统一规划下选址建园　各地区都有对本地区平地、山川、河流治理利用的统一规划。由于我国耕地面积较少,必须遵守“上山进滩,不与粮棉争地”的原则,充分利用山丘坡地、沙荒薄地和轻盐碱地,组织乡、镇、村联合统一规划,建立产、供、销一条龙的经济组织,有目标、按规划地建立现代化葡萄生产基地。

②在生态区划的基础上选址建园　葡萄生长发育对温度、光

照、土、肥、水的要求比较敏感，尤其是生长期长短，直接影响品种的选择。如在年生长期110～130天的地区，只能选用极早熟和早熟品种；年生长期131～150天，可选中熟品种；年生长期151～170天，只能栽晚熟、优质、高产、耐贮运的品种建园。如选生长期适宜的较干旱少雨，晴天多，光照好和昼夜温差大的地区建园，能使葡萄浆果着色好，含糖高，香味浓，病虫害少，且经济效益高。

③选址建园要掌握市场信息，促进产品畅销　建立较大葡萄生产基地必须做好市场调查，在浆果产出后，首先立足本地批发市场，就地销售；其次利用交通方便条件运到外地销售；第三，要和贮藏加工单位签订协作合同。总之，要以现有农贸批发市场为依托，做到产品对路，供需协调，防止产品积压造成经济损失。

2. 改进绿色无公害食品葡萄园的规划设计方案

按国家农业部农业行业标准要求，选好园址后，请当地环保中心人员对园地环境质量标准进行验收与认证。然后，才能进行统一规划设计和实施，从而合理利用土地，建立现代化的灌、排水利工程和田间机械化作业工程，经过先进的技术管理，达到投资少，省时间，在无污染的环境里，提早生产出安全、优质的绿色食品，增强果品市场竞争力，提高葡萄产业经济效益，促进农业可持续的发展。

在目前农村土地由农民个体承包的情况下，经过宣传，树立典型，实行“乡村统一土地规划，分片合作经营，统一技术管理，按劳分红”的原则，使土地连成大片，兴建较大型的机械化葡萄生产基地。

(1)葡萄园规划设计的准备　先要收集本地区的生态环境资料，如气候、水文、地质和果树资源等，然后到现场实地勘察，对地形、地貌、土壤、电源、水源和交通等详细情况进行调查，为绘制果园平面图和地形图打好基础。还要对当地农贸市场葡萄销售和贮藏加工情况,以及社会劳动力等情况,进行详细的调查。

(2)园址实地规划

①电、水源选择与确定　选择葡萄园址时,先要考虑电源和水源的问题。深井提水、温室、冷库等都离不开水与电,所以水与电是建园的重中之重。水源的水质,无论是提引河水,还是打深井提水,其水质均要符合绿色无公害食品葡萄生产应有的标准。水源地应设在园地中心地势偏高的地方,以便拉电提水,节省投资。

②田间区划　对作业区面积的大小、道路、灌排渠系网和防风林网都要统筹安排。根据地区经营规模、地形、坡向和坡度,在地形图上都要有细致规划。作业区面积大小要因地制宜,平地10～20公顷为1个小区,4～6个小区为1个大区,小区以长方形为宜,长边要与葡萄行向一致,以方便田间各项作业。山坡地以5～10公顷为1个小区,以坡面等高线为界,决定大区的面积。小区的边长与相应坡面等高线平行,以利灌、排水和田间机械作业。

③道路规划　园内道路主要依据葡萄园面积的大小、地形和地势决定宽窄。一般在100公顷以上的大型葡萄园的道路系统,由主干道、支道和田间作业道三级组成。主干道设在葡萄园的中心部位,与园外公路相接,贯通园内各大区和主要管理场所,并与各支道相通,组成园内交通运输网。主干道宽6～8米,能走开双排载重汽车或拖拉机。如与路边防风林结合,路面可加宽至8～10米。支道宽4～6米,与田间作业道相连接,能走单排汽车或拖拉机。田间作业道宽2～4米,为喷药、运肥和运果等作业而设定。为了保持水土,山地葡萄园的道路、主干道可环山成"之"字形建筑,上升的坡度要小于7°。山区支道要设在小区的边界,一般与主干道垂直连接,宽4～6米,能行驶单排汽车或拖拉机。田间作业道是临时性的道路,多设在葡萄行间空地,宽2～4米,能方便小型农机具和畜力车行走即可。

④灌、排渠系建设　灌、排渠系一般都由干渠、支渠和田间毛

渠三级组成。各级水渠多与道路系统相结合。就是用道路一侧的路沟作灌水渠，另一侧为排水渠，交叉之处用渡槽或水管连接。主灌水渠与水源连接，主排水渠要与园外总干排水渠连接，各自有高程差，做到灌、排通畅。现在我国各地区经济发展较快，应把沟灌改为滴灌或渗灌，把沟排改为暗排，以达到省水、省电、节约土地的效果。

⑤防风林设计　防风林能很好地保护果园不受风沙危害，并可调节园内小气候环境的温、湿度，对葡萄授粉受精和防止水土流失都起到良好作用。防风林带的防风距离为林带高度的20倍左右，一般乔木树高8～10米，所以主林带之间距离为400～500米，副林带间距为200～400米。林带为乔、灌木树种混栽，组成透风型的防风林，防风效果好。主林带栽树5～7行，宽8～10米；副林带栽3～4行，宽5～6米。北方防风林常用的乔木树种为杨树、柳树、松树和柏树等，灌木树种有紫穗槐、荆条和杞柳等。在南方地区，林带树种选择应适地适树，以选用松树、柏树为宜。

⑥园内建筑　大中型果园应设办公室、选果作业室、温室、贮藏冷库、物资和农药库、职工宿舍和畜禽舍等建筑。

(3)葡萄园行向与行、株距的确定

①行向选择　葡萄的行向与地形、地貌、光照、风向和架式等都有密切关系，要因地制宜，灵活确定。如辽西地区，西南季风较大，在平地或坡地的葡萄园多采用南北行向，棚架，葡萄枝蔓顺风向上架引绑。葡萄定植在定植沟略偏西位置，使枝蔓向东北或向东爬。这样定植，日照时间长，光照强度大，特别是中午葡萄根部能得到较长时间日光照射，有利于葡萄生长和结果。如在丘陵坡地，应用单立架、"T"字形或"丰"字形架，一般要同坡地的等高线或等高梯田壁方向一致设架，以利于架上拉紧铁丝和灌、排水等项作业。如在坡地设棚架时，要考虑水土保持和风向等问题。一般坡地棚架葡萄顺坡设架，葡萄栽植坡下，向坡上爬，光照好，又便于

水土保持和节省架材。

②定植的行、株距与栽植的密度　葡萄的行、株距要根据当地气候条件、架式、品种生长势和树形的不同而灵活选用。如在我国北方，年绝对低温在－15℃以下的地区，因葡萄枝蔓冬季需要下架埋土防寒，宜应用行、株距 5～6 米×0.6～1.2 米，用中小棚架和栽植生长势中庸偏强的品种，以及无主干多主蔓扇形或双龙干形树形较适宜。在我国中南部冬季绝对低温在－15℃以上的地区，平地或山坡葡萄园，采用水平式连棚架或倾斜式大棚架栽植生长势较强的品种，配合双龙蔓形或大扇形树形，行、株距为 6～8 米×0.6～1.2 米。也可选用“X”字形和“H”字形树形，行、株距可增大至 6～8 米×6～8 米。如在山坡地梯田或面积较小的地块上，可设各种立架，选用生长势中庸的品种和小扇形或水平形树形，行、株距用 2～3 米×2～2.5 米为宜。各种架式及树形的行株距，每 667 米^2 栽植的株数见表 3-4。

表 3-4　葡萄常用架式和树形的行株距及每 667 米^2 的栽植株数

架式(架形)	主要树形	行株距(米)	每 667 米^2 株数
单立(篱)架	多主蔓自由小扇形	2～3×2.0～2.5	167、133、111、89
单立(篱)架	单臂水平形双层形	2.5～3.0×2.5～3.0	107、89、74、79
“T”字形及“丰”字形架	“V”字形	2.5～3.0×3.0～3.5	89、74、88
双立(篱)架	单臂水平形双层	3×2.5～3.0	89、74
小棚架	龙蔓形(单、双蔓)	5～6×0.6～1.2	222、185、111、93
大中型棚架	单(独)龙蔓形	6～8×0.6～0.8	185、139、137、104
大中型棚架	双龙蔓形	6～8×1.0～1.2	66、63、93、69
大中型棚架	多主蔓自由扇形	6～8×0.8～1.0	139、104、111、83
水平式连棚架	“X”字形、“H”字形	6～8×6～8	18、14、10

注：每 667 米^2 栽植株数小数点后用 4 舍 5 入法取舍。

3. 建园前的土壤准备及改良

有些地区忽视建园前的土壤准备工作，简单地认为挖坑就能栽树，这是不对的。尤其是建立绿色无公害食品葡萄生产基地，一定要按我国农业行业标准 NY/T 391—2000《绿色食品 产地环境技术条件》和 NY/T 5088—2002《无公害食品 鲜食葡萄生产技术规程》执行。其具体工作主要包括清除原有土地上无用的植被、平整土地、测量等高线、修筑梯田和对各种土壤的改良等。下面重点介绍沙荒薄地、轻盐碱地、丘陵坡地、黏重土壤及南方酸性红壤的改良方法。

(1)清除植被和平整土地 在未开垦的土地上常有杂树和杂草等植被，建园前应连根清除。如在已栽植过葡萄的土地上重栽葡萄时，一定要先将老葡萄根彻底挖除，用 50%辛硫磷乳油 2 000 倍液，或二氯丙烯等药液作消毒剂，施入原树盘的根际，然后翻入 30 厘米左右深的土壤中即可。对全园土壤要平高垫低。对山坡地要按等高线修筑梯田，以利于葡萄定植和搭建葡萄架，便于灌、排水和水土保持。

(2)定植沟的土壤改良 葡萄是深根果树，一般根深 1～2 米。葡萄定植后，它的根系在土壤里要生活 10～20 年，每年树的生长、开花和结果，都需要从土壤里吸收大量营养物质。因此，葡萄苗木定植前，对各类土壤都要挖定植沟，并施肥改土。苗木栽植成活后，每年还要在定植沟的一侧，扩沟施有机肥，以改良土壤。另外，在幼树阶段，要利用行间种植矮秆豆科作物进行土壤改良。

①*沙荒地的土壤改良* 我国沙荒薄地面积较多，如黄河故道和西北地区各省、自治区都有成片的沙荒薄地，各地都在积极开发利用。由于沙荒地土质较瘠薄，漏肥漏水。因此，在葡萄定植前挖定植沟时，要挖深、宽各 1.2 米，并在沟底垫上 20 余厘米厚的黏土，在其上施入作物秸秆与农家有机肥加表层沙土的混合物，将沟

填平，然后灌水沉实。每 667 米^2 施肥量为农家有机肥 5 000～8 000 千克、过磷酸钙 50～80 千克。

②轻盐碱地的土壤改良　盐碱地地势低洼，土质黏重，通透性差，地下水位较高，土壤含盐碱量较多。在这种土壤上栽植葡萄，会使葡萄根系生长受阻，植株表现早衰，产量下降，严重时，会导致植株死亡。因此，在盐碱地上栽植葡萄之前，必须建立灌、排水渠系，挖沟台田，引淡水洗盐；种植绿肥，覆盖防盐；增施有机肥，疏松土壤等。通过采取这些综合措施改良土壤，使土壤盐分降至葡萄的耐盐限度内。据笔者多年实践证明，紫丰、玫瑰香、黑汉、龙眼、巨峰等品种的自根树都能在土壤含盐量 0.23%以下的条件下正常生长与结果。如用贝达、5BB、1616C、125R 和 216-3C 等耐盐砧木嫁接品种苗，更能提高品质和产量。

第一，挖沟台田，引淡水洗盐。在低洼盐碱地上，先按 20～30 米间距开沟，沟深 1 米左右，降低地下水位。台田围埝，引入淡水，淹泡 3～4 天后，排出洗掉的盐碱。在台田、条田面上，按葡萄行距挖定植沟，沟深、宽各为 0.8～1 米。然后，将腐熟的农家有机肥和少量磷酸钙与表土混合回填，灌淡水沉实。一般盐碱土壤经 2～3 次淡水冲洗，表层土壤盐分淡化后，就能定植葡萄。

第二，种植绿肥，覆盖防盐。盐碱地表层盐分较重，是由于盐分溶于地下水中，水分蒸发时，将盐碱带到土壤表层，这样对作物生长不利。因此，在盐碱地用秸秆和杂草在葡萄行间与树盘进行覆盖，防止返盐。有些地区在葡萄行间种植耐盐绿肥，如田菁、草木樨、苜蓿等，每年割 2～3 次，用来覆盖树盘，3～5 年深翻 1 次，改土效果较好，能使土壤盐分由 0.65%降至 0.36%。

第三，增施有机肥，疏松土壤。因为盐碱地土壤比较黏重板结，通透性差，故在葡萄定植沟改土时要增施有机肥料，疏松土壤，提高肥力。葡萄定植沟深、宽各 1 米时，沟底垫厚 20 厘米的作物秸秆，其上用有机肥与表土混合物填平，灌水沉实后，进行定植。

③丘陵坡地土壤改良　丘陵山坡地高程差异较大，坡向和坡度对温度、光照、水分和土壤都有影响。如坡上空气流通性好，温度变化快，昼夜温差大，冬季果树易发生冻害；坡下峡谷低洼处冷空气易下沉，早春和晚秋易发生霜冻。对丘陵坡地可采取以下措施：

第一，平高垫低，整平土地。坡地上有大小沟谷，易造成水土流失，影响葡萄园区划、交通和各项作业。因此，对坡上的沟谷应用推土机整平，以便于统一区划。然后，按设计行距挖好深、宽各1米的定植沟。定植沟挖出的表层土（30厘米）和底土，分开放在沟的两侧。每延长米定植沟施腐熟农家肥混堆肥50千克，与表土混合回填，灌水沉实。对难以填平的较大地段，要砌成石谷堵水降速，沟头和沟坡要实行土石工程，再加造林、种草，进行综合治理。

第二，修筑等高撩壕和梯田。通常在10°以上的山坡建园时，先按等高线修筑土埂，又称土壕。在人力、物力允许时，可在2～3年内完成修梯田任务，用石头砌成石壁。梯田面葡萄栽植行数可为1～10行。梯田面窄，土壤层次破坏少，保水保肥力强。梯田面宽，要采用向内倾斜式的梯田面，防止雨水冲刷。梯田面外高里低，有0.2%～0.3%的比降。在降雨时，台田面上的水可由梯田埂处流向梯田里边的排水沟，再逐级排到园外。一般梯面的长度以100米左右为宜，如过长，对灌、排水和其他作业均不方便。

④黏重土壤改良　黏重土壤通透性差，比较板结，不适宜葡萄根系生长。因此，在葡萄定植之前需要挖定植沟进行土壤改良。其方法是挖深、宽各1米的定植沟，将表层30厘米厚的土与底层心土分别放在沟的两侧。然后，在沟底铺上20～30厘米厚的作物秸秆或河沙，上部用腐熟农家有机肥混堆肥5 000千克、河沙50米^{3}与表土的混合物回填，底层土用作定植沟两侧的畦埂，灌水沉实后再行定植。

⑤南方酸性红壤改良　红壤主要分布在长江以南的丘陵地

区，以江西、湖南两省最多，在云南、广西、广东、福建、贵州、四川和湖北等地也有分布。红壤存在瘠、酸、黏、板等问题。因此，先要加强水土保持工作，然后在定植沟改土时，要多施有机肥，每 667 米^2 施 5 000～6 000 千克。定植后，每年每株在定植沟一侧还要施有机肥 30 千克，将其与表土混匀回填。另外，还要施用石灰调节酸性，使其酸性降至 pH 值 7 左右后，才能栽植葡萄。

4. 按行距设计架式和树形

葡萄是多年生藤本果树，枝蔓柔软、细长，在生产上必须设立合理支架，才能培养适宜的树形，使枝蔓在架面上分布均匀，通风透光，病虫害少，能生产出色泽鲜艳、品质优良的浆果，并且也方便各项作业。

葡萄的架式、树形和品种选择，三者密切相关。一种架式上要因地制宜选用适宜的品种和树形，而一定的树形必须选用适宜品种。通过整形修剪培养适宜于架式的牢固、丰产树形。这样，才能生产出优质、高产的产品。葡萄架式（架形）有篱（立）架、棚架和柱形架三大类。各种架式结构分别如下。

(1)篱(立)架 葡萄篱（立）架又分单立、双立和宽顶立架 3 种。立架多用于行距小的葡萄栽培。不适于冬季埋土防寒地区，而适于冬季不下架或根部简易防寒地区采用。其行距为 2～3 米，株距为 2～3.5 米，栽植密度大，每 667 米^2 能栽 85～167 株。多选用多主蔓自由扇形和多主蔓分组扇形，这些树形小，成形快，结果早，便于机械作业和各项田间管理。

①单篱（立）架 架头柱高 1.8～2.2 米（不含埋入地下的 0.5 米）。架头立柱多为水泥钢筋柱，埋时略向外倾斜，以增加拉力，并用双股 8 号铁丝加锚石埋入地下 0.5 米深，夯实。沿行向柱间距离为 4 米，每行立柱上拉 4 道 12 号铁丝。第一道铁线距地面 0.5～0.6 米，往上每隔 0.5 米拉一道铁丝，沿行向组成立架面，似

篱笆墙，故称立(篱)架。该架适于生长势中庸或偏弱的品种，采用小扇形或单、双臂水平形树形，如玫瑰香、京秀、玫瑰早、凤凰 51 号和香妃等品种均较适宜。

②双臂篱(立)架　由 2 个单立架并列组成，只是两个架头水泥柱深埋时要向外与地面呈 45°～55°角倾斜，并用铁丝加锚石拉紧埋入地下，夯实。架头上用一根直径 5～8 厘米硬木杆作横梁，固定在双立柱上，形成倒梯形。双立柱下部间距为 60～80 厘米，上部间距为 100～120 厘米，中部立柱间距和铁丝分布与单立架相同。葡萄苗木定植在双立架行间，采用多主蔓自由扇形或多主蔓分组扇形，这些扇形树形，主蔓便于向两侧立架面引绑。双立架架面大，适于生长势中庸偏强的品种，产量高。其缺点是通风透光较差，各项作业较不便。这种架式适于在南方冬季葡萄不埋土防寒地区应用。

③"T"字形架　又称宽顶立架。"T"形架是在制作水泥柱时，在顶端固定一根长 0.8～1 米的横梁，或在制作水泥柱时顶端做一个眼，用螺丝杆固定一根木杆横梁，并用一根斜拉杆支撑在立柱顶部。在立柱上拉两根铁丝，第一条距地面 0.6 米，隔 0.5 米拉第二道铁丝，再在横梁两端各拉 1～2 根铁丝，采用"Y"字形树形。葡萄上架时，先将主干引绑在立架面的铁丝上，主干顶部培养 2 条主蔓，引绑在横梁两端的铁丝上。主蔓上直接着生结果母枝或结果枝组，让其自由下垂生长与结果。

④"丰"字形架及避雨棚　这种立架的架顶负担重量较大，因此，制作水泥柱时，要适当加粗和加高，立架时水泥柱要深埋，以防被风折断。柱高 2.5～2.7 米(未含埋入地下 0.6 米)，在立柱顶向下 0.5 米处设第一个长 1.2 米的横梁，再由第一个横梁向下每隔 0.5 米设第二个、第三个横梁，其长度分别为 1 米、0.8 米。各横梁两端各拉一根铁丝，组成似双立架式的架面。在立柱下部距地面 0.6～0.7 米处，沿行向拉一道铁丝，就完成"丰"字形架形。定植

生长势中庸偏强的品种，采用“Y”字形树形。先将葡萄主干引绑在立柱下部的铁丝上，在主干顶端培养2条主蔓，再引绑在3个横梁两端的铁丝上，形成上边开口式的“V”字形叶幕，使结果母枝和结果枝自由下垂生长。这种架式通风透光，其果实着色及品质都比其他立架好。

此架如在南方多雨地区，可利用上部第一个横梁两端与柱顶顶端构成的三点，用竹劈子或细竹竿围成小拱架，架上拉3条铁丝，再覆上薄膜，形成小避雨棚，即组成“丰”字形避雨棚架。

(2)棚架 棚架按架式的长短，分小、中、大型棚架；按架形结构的不同，又分倾斜式、水平式和屋脊式棚架。

①倾斜式棚架 又分倾斜式单棚架和倾斜式连棚架，倾斜式连棚架是由数个或数十个倾斜式棚架连接在一起组成。倾斜式棚架的构造是架根柱高1～1.2米，架梢柱高1.5～2米(未含埋入地下0.5米)，架长6～8米或8米以上，架下中部每隔4米设一根立柱。边行立柱要呈45°角向外倾斜，并用铁丝加锚石拉紧，固定，夯实。其柱顶上按架长设一根顺梁，一般用毛竹，或用双股8号铁丝拧在一起拉直固定而成。架上每隔45～50厘米横拉一道铁丝，要拉到架梢，共拉12～20道，组成倾斜式大棚架面。这种架式配合单、双龙干形或自由式大扇形树形，葡萄的行、株距为6～8米×0.6～1.2米，在架根处栽植生长势强旺的品种，如龙眼、甲斐路、红地球、森田尼无核、红宝石无核和巨峰等，葡萄枝蔓能爬满架面，结出优质、高产的果实。这类架在我国南北方已广泛应用。适于沙荒平地、盐碱平地、山丘坡地和庭院、水渠、道路上空搭架采用，使葡萄枝蔓“占天不占地”的生长、结果。

②屋脊式与拱形棚架 屋脊式棚架是两个棚架的架梢共用一根立柱连接在一起组成的。多用在街道、公园、水渠的上方，“占天不占地”的设架。葡萄在两边架根处定植，同时向架顶引绑，3～4年可爬满架面，有绿化、收果的双重作用，经济效果较好。较宽的

街道和水渠，现在都用钢管拱形架，其水泥钢筋柱耐久适用，架宽和架高以方便通过装载车辆为准。

各种葡萄架式的水泥柱规格如表 3-5 所示。

表 3-5 各种葡萄架水泥柱的规格

架式	立柱		边柱		备注
	直径（厘米）	长度（米）	直径（厘米）	长度（米）	
立（篱）架	8～10	2.7～3.0	10～12	3.0～3.3	
“T”字形架	10～12	2.8～3.2	10～12	3.0～3.3	边柱向外倾斜，并用铁线加锚石拉紧，夯实，埋入地下 50～60 厘米
水平棚架	8～10	2.8～3.0	12～15	3.0～3.2	同 上
倾斜棚架	10～12	架根柱 2.3 架梢柱 3.2	12～15	架根柱 2.8 架梢柱 3.5	同 上
“丰”字形架及避雨棚	10～12	2.9～3.2	12～15	3.0～3.2	同 上

注：水泥柱的长度已加上埋入地下的 50 厘米。

5. 苗木准备

各地要根据当地生态条件、生长季节长短和生产果品的用途，在上一年与育苗单位签订购苗合同。合同中要写清购买品种、株数及质量要求（一定要无国内病虫检疫对象），以及供苗的时间等。

四、葡萄园的土肥水管理

(一)存在的主要问题

1. 对土肥水管理重视不够

有些果农对葡萄园的土肥水管理和重要性认识不足,重视不够,以为葡萄园的土肥水管理,不如其他农作物土肥水管理得紧,放松一点也无妨。

2. 嫌葡萄园改土深翻太麻烦

有的果农以为葡萄园建好以后,就不需要再深翻和改良土壤了。而且深翻改土费时、费力、费钱,进行起来也不容易。所以,总是想省点事,能免就免,能拖就拖。

3. 不能完全做到平衡施肥

在葡萄园施肥中,有的果农没有完全做到平衡施肥。一是不能真正适时、适肥、适量、适法地施肥;二是有机肥施量不足,给葡萄生产带来不良的影响。

4. 不能及时、适量灌溉与实行节水灌溉

有的果农不能在葡萄需水时给予补充。对于节水的滴灌、喷灌等方式采用不多,还是采用大水漫灌或沟灌的方式。

(二)科学管理果园土壤

建园栽植后,葡萄在固定土壤范围内生长发育十几年,每年都要从土壤里吸收足量的营养物质和水分,才能正常生根、发芽、长枝、展叶和开花结果。所以,要求土层深厚,质地疏松,营养充足,通气良好,保肥保水,给葡萄根系生长创造良好的生态环境,以促进葡萄一生的正常生长发育。各地要遵守农业行业标准 NY/T 391—2000《绿色食品 产地环境技术条件》的规定,进行葡萄园的土壤管理。在建园时定植沟每平方米至少要施入 20 千克有机肥,每年还要继续增施有机肥和矿物质肥料,扩沟改土,提高肥力,为生产优质高产的绿色无公害食品,打好基础。

1. 深翻改土

葡萄对土壤的适应性较强,对黑钙土、黄黏土、沙壤土和红壤土等只要经过改良均可栽培。但是,最适宜的是沙壤土,其土质疏松、土层肥厚、通透性好,根系生长良好,优于黏重的黄壤、红壤和盐碱地。我国由于耕地资源紧缺,人均可耕地面积有限,不能用耕地栽植果树,因为我国在新中国成立以后就提出发展果树生产的方针,要“上山进滩,不与棉粮争地”的原则,所以,各省、市、地区对沙荒地、盐碱地、土壤黏重的丘陵坡地等都要长期地持之以恒地进行改土,平沟造田,除了在栽树前对定植坑、定植沟深翻(0.8～1米)改土外,以后每年沿定植沟两侧向外深翻施肥,即结合秋施肥,至少每 667 米^2 要增施 5 000 千克有机肥,使土壤多形成团粒结构,以提高土壤肥力、通透性、保肥保水,调节土壤酸碱度,使其 pH 值达到 6.5～7 的标准,从而有利于葡萄的正常生长。

2. 改进土壤管理方法

果园土壤管理的方法较多，如清耕法、免耕法、覆盖法、生草法、间作法等。在我国的葡萄生产上，主要采用以下几种方法。

(1) 间作法 在我国人多地少的情况下，各地果园为了充分利用有限的土地面积增加经济收入，都进行间作。葡萄生产上的间作是在幼树期行间距离定植沟埂 30～50 厘米外进行，间作的作物种类为矮秆、生长期短的作物，如豆类、花生、中草药、葱、蒜、菜类等。

(2) 清耕法 果园清耕是指行间不种其他作物，在每年生长季节多次进行中耕除草和秋季深耕，保持表层土壤疏松无杂草，并加深耕层厚度。采用清耕法，在春季少雨低温地区，地温回升快。在秋季清耕，有利于晚熟葡萄利用地面散射光和辐射热，提高果实糖度和品质。对土壤进行清耕可有效地促进微生物繁殖和有机质氧化分解，改善和增加土壤中有机态氮素。但是长期采用清耕法，在有机肥施入量不足时，土壤中的有机质会迅速减少，使土壤团粒结构遭到破坏，在多雨地区也容易造成水土流失。

(3) 覆盖法 果园覆盖是一种较先进的土壤管理方法，适宜干旱、盐碱、沙荒地等土壤较瘠薄地区采用，有利于土壤水土保持、盐碱地减少返碱和增加有机质。葡萄园覆盖材料多用玉米秸、麦秸、稻草、树叶等，一般在 5 月上旬开始至秋季覆草较好。多覆盖在距幼树根 50 厘米远的树盘或行间，并用少量土压埋，以防被风吹跑和发生火灾。覆盖要在雨后或灌水后进行。初次覆草前，每 667 米^2 施含有机质的农家土杂肥 5 000～8 000 千克，进行深翻改土，每株树盘还要施入 3～4 千克的尿素，施后灌水。一般每次每 667 米^2 土地覆草 2 000 千克左右，连续覆盖 3～4 年后深翻 1 次。

(4) 免耕法 免耕法是指利用化学除草剂除草的土壤管理方法，一般对土壤免去耕作，可以保持土壤自然的结构状态，节省劳力，降低生产成本。免耕法在劳动力价格较高的城郊葡萄园多采用。

常用的除草剂有甲草胺和草甘膦等。甲草胺是苗前除草剂，一般在春季杂草萌芽前喷施。草甘膦是广谱型除草剂，可通过草的茎叶吸收向全株各部位传导，使杂草致死。使用除草剂时，一定选无风天气进行，同时要严防药液接触到葡萄枝叶，以免发生药害。

（三）葡萄园科学施肥

葡萄每年需要大量的营养元素维持生长与结果。葡萄植株一方面依靠根系从土壤中吸取矿物质养分，供给地上各组织器官的构成和生理调节；另一方面靠叶片的光合作用同化大气中的二氧化碳，制造有机养分，供给根、茎、叶、花、果的生长和发育。土壤中的矿物质养分和叶片同化作用产生的养分，都是葡萄生长发育不可缺少的营养来源。其中，土壤矿物质营养是基础，只有矿物质营养充足了，新梢生长才能旺盛，叶片光合作用才能顺利进行，从而制造出大量的有机养分。葡萄定植后，不断地通过施肥补充，才能满足葡萄每年生长发育的需求。否则，会对葡萄生长与结果产生严重的不利影响。

1. 主要营养元素对葡萄生长结果的作用

(1)氮 氮是三大营养元素之首，是葡萄的蛋白质、核酸、叶绿素、酶、维生素和激素等的组成成分。蛋白质是构成细胞原生质的基础物质，平均氮的含量为16%左右，是生命存在的物质基础。没有氮素就没有蛋白质，也就没有生命，所以氮素被称为生命元素。叶绿素是植物进行光合作用的物质，缺氮时，叶绿素合成数量减少，叶片变黄，光合作用下降，其产物就减少，导致产量下降。

葡萄是需氮量较高的果树，以叶片中含量最多，占树体总氮量的38.9%，其次是果实含量，老枝含量最少。葡萄一年中均需要氮素，以生长前期需量最多，如将全年的吸收量定为100%，则萌芽期的吸收量为12.9%，开花期以前的吸收量为51.6%。因此，在葡萄生产上，氮肥应在前期施入为主。

葡萄植株缺少氮肥时，枝蔓表现细弱，停止生长早，皮层变为红褐色；叶片小而薄，呈淡绿色，易早衰脱落；果粒小，但着色较好。

(2)磷 磷是核酸、核蛋白、磷脂等的主要成分。葡萄各个器官中都含有磷，特别是花朵、种子中含的最多。磷在光合作用、呼吸作用和碳水化合物的运输及转化中具有重要作用，也是氮化合物代谢过程中酶的重要组成成分之一。磷可提高植物的抗逆性及对不良环境的适应性。及时供给磷素营养，能使植物的各种代谢顺利进行，提高果树产量和品质。磷还有促进枝条成熟、花芽分化和果实成熟的重要作用。葡萄在全年生长中都需要磷，在新梢旺盛生长和果粒膨大期磷吸收量达到高峰。相对于氮和钾的需求量，磷要少一些，仅为氮的一半，钾的42%。果实中磷的含量最多，占葡萄植株中总磷量的50%左右，其次是叶片、新根和新梢，老枝中含磷量最少。

缺磷时，葡萄叶片呈暗绿色，叶缘、叶脉发紫，叶片小，新梢细弱，老叶的叶缘变黄，然后变成淡褐色，花芽分化不良，叶片易早期脱落，果实色泽发暗，无光泽。

(3)钾 钾是肥料三大元素之一。钾主要存在于植物幼嫩组织之中。钾能激活酶的活性，提高植物的保水和吸水能力，促进光合作用和光合产物的运转。钾能提高植物的抗逆性，如抗旱、抗病、抗寒能力。钾素充足时，能促进果实成熟、糖分增加，提高品质。如钾不足时，会引起碳水化合物和氮的代谢作用紊乱，蛋白质合成受阻，影响光合作用，减少同化作用产物。因而，树体表现新梢中部叶缘失绿，变成黄色至黄褐色，并逐渐扩大至主脉失绿，叶缘焦枯，向上或向下卷曲，严重时，老叶发生坏死斑点，脱落后形成许多小孔。缺钾时，果实小，成熟度不一致。

(4)钙 钙是细胞壁和细胞间层的组成成分，能促进碳水化合物和蛋白质合成，对根尖生长及根功能的发挥起积极作用。钙能中和植物代谢过程产生的有毒有机酸，钙还是植物体内一些酶的组成成分与活化剂。钙有助于细胞膜的稳定性，促进钾离子的吸收，延缓细胞衰老。但钙与氢离子、钠离子、铝离子有拮抗作用。钙在树体中难以移动，是不能被再次利用的元素。葡萄果实里含钙量达0.57%。缺钙时，先是新根、新叶、顶芽、果实等生长旺盛的新器官表现出来，幼叶叶脉间及叶缘退绿，然后叶缘处出现针眼状坏死斑点和茎尖枯死。钙能中和土壤中的酸，因此酸性土壤容易缺钙，生产上，常施用石灰或草木灰等调整。钙素过多，土壤易偏碱，造成土壤板结，使铁、锰、锌、硼等元素变成不溶性，导致葡萄出现缺素症。

(5)硼 硼不仅能促进花粉萌发和花粉管生长，有利于授粉受精和坐果，提高坐果率，而且能改善浆果品质，加速新梢成熟。硼在树体内含量适宜时，能改善有机营养供应状况和促进碳水化合物的运转。如幼树期缺硼，顶端的节间变短，形成褐色水渍状斑点；幼叶失绿较小，畸形，并向下弯曲；无籽小果量增多。如成龄树缺硼，易造成落花落果，甚至出现“花而不实”。沙地最容易缺硼。

(6)镁 镁是叶绿素的中心金属离子，叶绿素中含镁量达2.7%。镁是多种酶的活化剂及一些酶的组成成分。镁又是聚核糖体的组成成分，能稳定核糖体的结构，促进蛋白质的合成。镁能促进果树体内维生素C、维生素A的形成，提高果实品质。镁在果树体内属于容易移动的元素，再利用的程度较高，仅次于氮、磷、钾。镁与钾、钙之间有拮抗作用，施肥时应注意。如缺镁时，树体内的镁从老叶转移到幼叶中，老叶呈黄化而脱落。沙土和酸性土镁易流失，应及时施肥补充。据测定，生长势中庸的葡萄叶片镁的含量为0.23%～1.08%，浆果中含量为0.01%～0.025%。

(7)锌　锌是多种酶的组成成分，其还直接参与氧化还原过程和形成叶绿素、生长素，如促进吲哚乙酸和丝氨酸合成色氨酸，进而再生成生长素。另外，锌还是许多酶的活化剂，如锌与色氨酸酶的活性密切相关。锌还可促进蛋白质代谢，增强植物的抗逆性。缺锌时，葡萄新梢节间变短，小叶密集丛生，质厚而脆，即所谓“小叶病”，严重时，果穗疏松，果粒小而畸形。沙土中的锌易流失，黏土或酸性土也易缺锌。缺锌土壤应限量使用石灰，以防止锌变成沉淀状态。

(8)铁　铁是树体内多种氧化酶的组成成分，参与细胞内的氧化还原作用。它影响树体的呼吸作用、光合作用和硝酸还原。因此，缺铁能导致葡萄幼叶失绿，叶片黄化，仅叶脉保留绿色，而老叶仍为绿色，严重时新梢全变成黄色。造成土壤缺铁多是土壤偏碱或灌溉用水pH值较高的原因。因此，盐碱地葡萄园易产生缺铁的黄化病，原因是土壤中的铁元素遇碱变成不溶性的氧化铁沉淀，植物无法吸收利用。

(9)铜　铜能促进叶绿素形成，又是部分氧化酶的组成成分。它参与葡萄蛋白质和碳水化合物的代谢过程，可提高植株的抗旱、抗寒能力。由于葡萄植株经常喷布波尔多液防病，因而一般树体很少缺铜。

(10)锰　锰对叶绿素的形成、糖分的积累和运转，以及淀粉的水解等生理过程，有促进作用。缺锰则削弱碳水化合物和蛋白质的合成，叶绿素含量降低，新梢基部老叶发生失绿，幼叶还保持绿色。在碱性土壤中，锰易变成不可给态，故常出现缺锰症状。

2. 缺素症状及其补救方法

葡萄在每年生长发育的各个物候期中，按树体本身生长、开花、结果的需要，都在不停地从土壤中吸取各种营养元素，使其枝叶繁茂，果实累累。但是，个别地区或个别植株因其需要的营养元素供应不足时，就反映在枝、叶颜色和生长势等方面。由于缺素种类、多少不同，因而表现症状也不同。

(1)缺氮症 当氮素营养供应不足时，枝蔓生长势不良，表现细弱，节间短；叶片变小、变薄，易早期脱落；同时出现落花落果，停止生长早，抗逆性差。严重时，植株枯黄落叶而死亡。矫治方法是叶面喷2%尿素溶液。

(2)缺磷症 葡萄植株磷肥不足时，会使正常代谢受到阻碍，根部呼吸困难，叶片小，生长缓慢；花芽分化不良，影响翌年产量；当年果实含糖量低，着色差，抗逆性减弱。如缺磷严重时，叶片呈暗紫色，在叶缘出现半月形坏死斑，易发生早期落叶，产量降低，品质变差。磷肥不足时，还影响根部对氮素的吸收，根中氨基酸合成受阻。喷施0.3%～0.5%磷酸铵补救效果最好，喷过磷酸钙、磷酸钾、磷酸二氢钾次之。

(3)缺钾症 主要表现叶片边缘向里卷曲(病毒卷叶病是向外反卷)，有特殊光泽，同时发生褐色坏死斑点。因钾在植株体内移动，由老叶移向幼叶，所以缺钾时，老叶先表现症状。极度缺钾时，由叶片边缘向中间枯焦，从叶柄脱落。轻度缺钾时，叶面喷施0.2%～0.3%磷酸二氢钾或硝酸钾溶液，或2%草木灰浸出液即可。

(4)缺钙症 缺钙时，幼叶最先受害，叶脉间及叶缘退绿，随后叶缘处出现坏死斑点；根系停止生长，不长根毛；酶的活动受到抵制；新梢枯顶；根部腐烂。浆果缺钙不耐贮藏。一般酸性土壤易缺钙，根部施入或叶面喷施1%～3%过磷酸钙、磷酸钙、硝酸钙、氯化钙等溶液。

(5)缺铁症 在夏季中期，因酶的活性下降，功能紊乱，氮的代谢受到破坏，使植物体内大量积累氮，木质部损伤，叶肉部分失绿。严重时，叶片变成干枯状。所以，缺铁引起的生理病症被称为失绿症、黄化病。一般土壤中铁的含量较多,但在石灰过多的碱性土壤或含锰、锌多的酸性土壤中,铁变成沉积物,不能被植物吸收。可叶面喷施 0.2%硫酸亚铁溶液补救。

(6)缺硼症 葡萄树缺硼肥时,幼叶首先出现油渍状斑点,叶片变小,两边不对称,叶缘发生灼斑,叶片皱褶,表现厚而硬,并向外卷曲。花期缺硼,花冠不脱落,影响授粉受精,易落花落果。果粒少,果穗小,着色早,无种子。严重缺硼时,使新梢突然停止生长,呈双叉分枝或呈丛状,节间变短,叶柄变粗,最后干枯而死。土壤贫瘠的沙壤或酸性土壤常出现缺硼。葡萄对硼肥敏感,发现缺硼时,在花前 10 天叶面喷施 0.3%硼砂溶液即可。

(7)缺锌症 葡萄植株缺锌常出现在新梢的老叶片上,表现出斑纹或黄化;叶片小而窄,节间短,叶片呈密集轮生状,因而被称为黄化或小叶病。严重时,从新梢基部向尖端逐渐落叶,果实变畸形。重黏土或酸性土壤易发生缺锌,可在花前及花期喷 0.1%硫酸锌溶液,或增施有机肥、绿肥补锌。

(8)缺镁症 葡萄缺镁症多在生长季节发生,在老叶的叶脉间出现黄色斑点,以后连成块状。黑色品种在叶脉间出现红色或紫色斑点。缺镁严重时,整个叶片变成黄色,进而叶脉、叶缘和叶尖坏死,早期落叶。缺镁和缺铁症状相近,但缺镁症是从中央向四周扩散。

酸性土壤中易缺镁,在多雨地区可溶性镁被淋失,致使葡萄植株呈现缺镁反应。因此,酸性土壤要施入适量石灰和增加有机质,还可叶面喷施 0.1%硫酸镁溶液,叶面喷施见效快、效果好。

3. 肥料种类及其主要营养元素含量

葡萄植株一生需要的营养元素主要来源于各种肥料。肥料分有机肥和无机肥 2 类。

(1)有机肥料 葡萄生产上主要是用有机肥料,即农家肥(秸秆,禽、畜粪尿,垃圾加肥土等)、堆肥(秸秆加禽、畜粪混土堆制)、沤肥(秸秆加禽、畜粪混肥土用水沤制)和饼类肥,多用于定植沟改土和秋施基肥。

有机肥原料主要是田间的秸秆和禽、畜粪尿。在其中加入肥水,经微生物分解,腐熟后好形成优质的有机肥。这种肥料所含的营养元素比较全面。其中,含氮 70%～80%、磷 30%～40%、钾 30%～50%。另外,还含许多微量元素及植物生理活性物质,如各种激素、维生素、氨基酸肥和酶类等。所以,有机肥又称为完全肥料。

在生产上施用有机肥,不仅能供给植物营养元素和各种生理活性物质,而且能改良土壤结构,提高土壤活性和保肥、保水能力,改善土壤的水、肥、气、热状态,以及缓和因施用化肥后所造成土壤板结的不良反应,从而提高肥效。各种作物秸秆及饼肥的氮、磷、钾三元素含量见表 4-1。

表 4-1 主要作物秸秆及饼肥的营养含量

肥料种类	全 氮(%)	全 磷(%)	全 钾(%)	粗有机物(%)	有机碳(%)	碳氮比(C/N)
玉米秸	0.92	0.15	1.18	87.1	—	48.3
高粱秸	1.25	0.15	1.43	79.6	—	46.7
小麦秸	0.65	0.08	1.05	83.0	—	61.4
稻 草	0.91	0.13	1.89	81.3	—	45.9
花生秸	1.82	0.16	1.09	88.6	—	23.9
棉籽饼	4.29	0.54	0.76	83.6	22.0	6.3
大豆饼	6.68	0.44	1.19	67.7	20.2	30.7
油菜籽饼	5.25	0.80	1.04	73.8	33.4	6.6

常用有机肥料的氮、磷、钾三元素含量见表 4-2。

表 4-2　常用有机肥料的三种营养元素含量

肥料种类	氮(%)	磷(%)	钾(%)	肥料种类	氮(%)	磷(%)	钾(%)
人粪尿(腐熟)	0.5～0.8	0.2～0.4	0.2～0.3	牛厩肥	0.34	0.16	0.40
猪粪尿(腐熟)	0.45	0.40	0.60	马厩肥	0.58	0.28	0.63
马、羊粪(腐熟)	0.7	0.5	0.3	绿肥沤肥	0.01～0.4	0.14～0.16	—
鸡　粪(鲜物)	1.63	1.54	0.85	草木灰	—	0.59	8.09
鸭　粪(鲜物)	1.1	1.4	0.6	苜蓿草	0.48	0.10	0.37
堆　肥	0.4～0.5	0.18～0.2	0.45～0.7	野杂草	0.54	0.15	0.46

(2)无机肥料　又称化肥或矿物质肥料，包括氮肥、磷肥、钾肥和复合肥等。

①氮肥　葡萄生产上常用的氮肥有尿素、碳酸氢铵、硫酸铵和氯化铵等。尿素含氮量为 46%，白色晶体颗粒，无臭味，易溶于水，呈中性，常温下不易分解。施入土壤后在微生物作用下转化为碳酸氢铵后才能被植物吸收。尿素适宜作基肥或追肥，施后应及时灌水。另外，尿素还适宜叶面追肥，常用浓度为 0.3%～0.5%。碳酸氢铵含氮量为 16.5%～17.5%，白色晶状，有氨臭味，易吸湿，易溶于水，水溶液呈碱性。在高温条件下易分解成氨气。碳酸氢铵宜作追肥或基肥，但必须深施入表土 10 厘米左右深处，施后少量灌水，以防止流失。

②磷肥　常用的有过磷酸钙、磷矿粉和钙镁磷肥等。过磷酸钙通常称为普钙，灰白色粉末，稍有酸味，酸性，易与土壤中钙、铁等元素化合成不溶性的中性盐，主要成分为有效磷(P_2O_5)，含量为12%～20%，易吸湿结块。钙镁磷肥是常用的弱酸溶性磷肥，为灰绿色或灰褐色粉末，碱性，不吸湿，易保存，含有效磷为16%～18%。钙镁磷肥肥效不如过磷酸钙快，但后效长，一般作基肥与有机肥混合使用，每667米^{2}用量为20～30千克。此外，还有磷矿粉是灰褐色粉末，含磷量为14%～36%，一般有3%～5%的磷酸能溶于柠檬酸，可被果树吸收，其余为迟效部分，能逐年转化被吸收。

③钾肥　生产上常用的钾肥有硫酸钾、氯化钾和硝酸钾等。硫酸钾是白色结晶，含有效钾(K_2O)33%～48%，易溶于水，吸湿性小，贮存时不结块，稍有腐蚀性，是生理酸性的速效性肥料。可作基肥与追肥，一般与有机肥混合使用。氯化钾含有效钾50%～60%，多为白色或淡黄色结晶，生理酸性，易溶于水，葡萄生产上用量要少，隔年应用较好。硝酸钾含有效钾45%～46%，纯品为白色结晶，易助燃，不宜于高温或与易燃品一起存放，多用于基肥或追肥。

④复合肥　是指含有氮、磷、钾3种养分中2种或2种以上养分的肥料，如磷酸二铵、磷酸二氢钾。磷酸二铵含氮16%～21%，含有效磷46%～54%，性质稳定，可作基肥或追肥使用。磷酸二氢钾含有效磷45%，含有效钾在31%以上，可作基肥、追肥和叶面喷肥使用，叶面喷肥浓度为0.2%～0.5%。

常用的无机肥料的三元素含量见表4-3。

表 4-3 常用无机肥料三元素含量 (%)

肥料种类	氮(N)	磷(P_2O_5)	钾(K_2O)	肥料种类	氮(N)	磷(P_2O_5)	钾(K_2O)
碳酸氢铵	17.0	—	—	磷酸一铵	11～12	48～52	—
硫酸铵	20～21	—	—	磷酸二铵	16～18	46～48	—
硝酸铵	32～35	—	—	磷矿粉	—	19.4	—
氯化铵	25.0	—	—	硝酸钾	13.5	—	45～46
硝酸钠	15.0	—	—	硫酸钾	—	—	48～52
硝酸钙	13.0	—	—	氯化钾	—	—	50～60
尿 素	45～46	—	—	窑灰钾肥	—	—	10～20
过磷酸钙	—	14～20	—	磷酸二氢钾	—	52	34
钙镁磷肥	—	16～18	—				

4. 施肥时间、方法及数量

由于南北地区土壤种类、气候不同，因而施肥时期、方法与数量也有差异。在北方地区，施基肥主要是用有机肥混入少量的无机肥(化肥)，从每年 8 月下旬至 11 月末土壤封冻前施完为好。如因故未施完，可在翌年早春葡萄发芽前施入。在长江南部地区，每年都在 11 月份至翌年 1 月份施基肥。秋施基肥数量，每年每 667 米^2 用农家有机肥 5 000～8 000 千克，混合 20～30 千克过磷酸钙，与表土混合，在原定植沟一侧挖深、宽各 0.8 米的沟，将混好的肥料施入，施后灌水即可。葡萄生长期施肥要按葡萄物候期进行，第一次在早春萌芽前追施催芽肥，以氮肥为主，如腐熟的人粪尿和尿素等，每株施尿素0.3～0.5千克和少量人粪尿。第二次在抽枝开花前15天左右进行，以追施氮、磷肥为主。如每株施磷酸二铵0.5千克，叶面要喷施0.1%～0.2%硼肥，如硼砂、硼酸。第三次施肥在幼果膨大期进行，此时正值枝、叶、果实迅速生长，需要大量养分，要追施腐熟人粪尿或磷酸二铵，叶面喷施0.3%磷酸二氢钾溶液。第四次在果实着色初期进行，根部追施人粪尿，叶面喷施0.3%磷酸二氢钾溶液。每次施肥量要根据土壤肥力、植株生长势和产量多少，酌情增减。施肥参考指标，一般葡萄每100千克果，1年需纯氮0.25～0.75千克、磷0.25～0.75千克、钾0.5～0.75千克，可使土壤养分平衡。

(四)科学灌水与排水

我国是贫水国家，缺水严重，应引起重视。据统计，我国人均年占有水量仅为2 300米^3，不足世界人均占有量的1/4，居世界第109位，属第13个贫水国。每公顷耕地占有水量为28 320米^3，为世界的4/5。我国农业用水量占总用水量的70%左右，并且还浪费严重。目前，大部分葡萄园采用地面沟灌方法，应改成节水的滴灌、渗灌、喷灌等方式。

1. 灌水与控水

我国各地区降雨量差异较大。多雨年份和多雨地区可以不灌水或少灌水，干旱地区必须引水灌溉。要按葡萄各物候期的需水情况进行灌水或控水，保证葡萄正常生长和结果。

(1)花前灌催芽水 本期葡萄树汁液流动、萌芽，至开花前，30～40天。此时正值春旱季节，葡萄萌芽、抽枝、展叶、花序继续分化和生长，急需大量水分。所以，要灌2～3次水，以根部灌透为止,但也不宜过多灌水,以免影响地温上升。

(2)开花期控水 葡萄从初花期至末花期为10～15天。如果花期遇雨会影响授粉受精,容易出现大小粒现象,也容易引起枝蔓徒长,消耗营养过多,严重影响花粉萌发,造成落花落蕾而减产。干旱地区要在开花前15天左右灌水,花期控水,这样有利于开花和坐果。

(3)浆果膨大期灌水 从生理落花落果结束后至果实着色前,50～80天,为浆果膨大期。因品种不同,本期的长短也不同。此期新梢旺盛生长,果实开始迅速膨大,是葡萄吸收肥水的高峰期,加上气温高,叶片蒸发量大,一般每隔10～15天要灌1次水。如遇雨天,则可以不灌水或少灌水。

(4)浆果着色期要适当控水 葡萄着色期时间不长,一般从着色初至采收,20～30天,中间灌1次水即可。浆果成熟期水分过多(或降雨)会影响着色,降低品质,还易发生炭疽病、白腐病等,有些品种还易出现裂果。为了提高浆果的含糖量和品质,要注意控水和排水。制酒品种控水更为重要,否则,影响出酒量和酒的品质。

(5)秋冬施肥后灌水 从果实采收后至翌年萌芽前,要施优质有机基肥,一般称秋施肥。要求沟深0.6～0.8米,将有机肥与表土混匀回填,然后灌足水,使其沉实,以防透风。在北方地区,埋土防寒后,要灌1次封冻水,以提高防寒效果。

2. 及时排水

在雨量大的地区,如土壤水分过多,会引起枝蔓徒长,延迟果实的成熟期,降低果实品质。树盘内若积水会造成根系缺氧,抑制呼吸作用,使根部窒息,植株死亡。因此,进行果园设计时,应安排好排水渠系。一般排水沟与道路、防风林相结合,即利用主干道的一侧,使其和园外排水干渠相连接,田间小区作业道的一侧设排水支渠，使过多的雨水从葡萄树盘排到小区的排水支渠，再由排水支渠将雨水排到排水干渠，再排到园外。要求各级排水渠均有落差，使排水畅通。如经济条件允许，排水沟以暗埋管道排水为好。这样，可以方便田间作业，雨季来临时，打开排水口，及时排水。

五、葡萄设架与整形修剪

（一）设架与整形修剪中存在的问题

葡萄生产新区存在着对设架、品种、树形和整形修剪方法等方面的相互配备不当，制约了优良品种特性的发挥，影响经济效益。有的果农不明白葡萄栽培有哪些架式，各适宜采用什么树形，以及适用于什么品种，因此在生产中不知道设什么架式好。也有的果农知道整形修剪的重要性，但不知道常用树形的整形方法。还有的果农在修剪时茫然失措，不知如何下手，更谈不上灵活处置。结果是凭想象、凭感觉、凭机械仿效进行整形和修剪，到头来工夫费了不少，但效益却并不好。

（二）提高设架与整形修剪效益的方法

1. 葡萄架式、树形及品种选择

葡萄是多年生藤本果树，在生产上根据其行距大小，设立相应的架式，在一定的架式上选择适宜的品种和树形。通过整形修剪培养出各种树形的骨架，使葡萄枝蔓在架面上分布合理，生长势均衡，通风透光。在正常管理条件下，能结出色泽鲜艳、品质优良、产量较高的果实。

葡萄生产新区存在着架式不规范和品种、树形选择不合理的问题。我国南北方地区葡萄架式设立的要求、架式的规格和适宜的树形及其适用的品种等分别如下。

(1)篱(立)架　该架式直立，葡萄枝叶分布在架面上，似一道篱笆墙，故称为篱架。由于架式直立在地上，又被称为立架。这种架式适用于冬季葡萄不下架、不埋土防寒地区。因其行距较小(行距多为2～3米)，北方地区冬季无法取土进行防寒，故不宜采用。一般篱架的架面高1.8～2.2米，柱高2.3～2.7米(含埋入地下0.5米)，在柱上距地面0.6米拉第一道铁丝，向上每隔0.5米分别拉第二、第三和第四道铁丝，组成立架面。葡萄篱(立)架结构如图5-1所示。

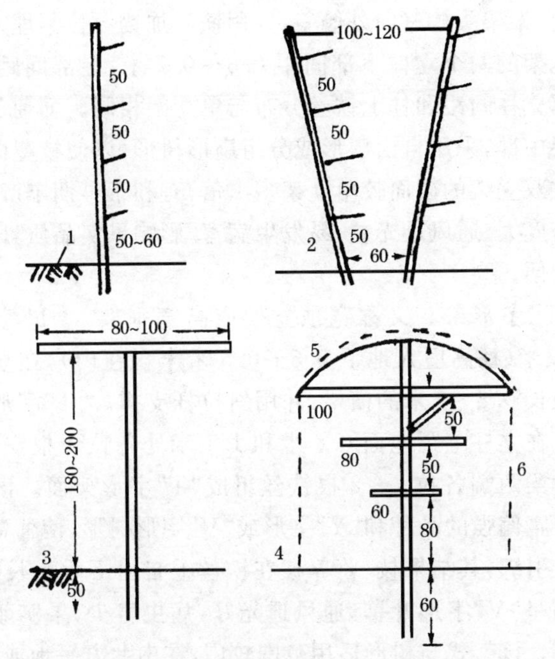

图5-1　葡萄篱(立)架　(单位:厘米)

1.单立(篱)架　2.双立(篱)架　3."T"字形架
4."丰"字形架　5.避雨棚　6.裙膜

①单篱(立)架　单篱(立)架行距较小，为2～2.5米，架高1.8～2.2米(未含埋入地下0.5米)，架头柱向外呈45°倾斜，并用8号铁丝加锚石拉紧，埋入地下0.5米，夯实。沿行向柱间距4米，每根柱由地面向上0.6米处拉第一道铁丝，往上每隔0.5米拉一道铁丝，共拉4道铁丝，沿行向组成立架面。该架适于生长势中庸或偏弱的品种，选用小型自由扇形或单、双臂水平形树形。葡萄枝蔓呈倾斜45°向上引绑，植株成形快，结果早，便于田间管理。

②双臂篱(立)架　又称双立架，由两个单立架并列组成。架头高2～2.2米，在架头柱上固定一根粗6～8厘米的竹木杆，呈倒梯形，双立架架头柱略向外倾斜，并用铁丝加锚石拉紧埋入地下夯实。双立架的两个立柱下部间距0.6～0.7米，上部间距0.8～1米。中部立柱间距和柱上铁丝分布与单立架相同。葡萄苗木定植在双立架中部，采用自由扇形或分组扇形树形，以便枝蔓向两侧架面引绑。双立架的架面较单立架多1倍，有利于早期丰产，但架面上枝叶密度大，通风透光差，易发生病害，影响果实品质，田间各项作业较不便。

③"T"字形架　又称宽顶立架或高宽垂架。"T"字形架高2.2～2.5米(柱高埋入地下0.5～0.6米未含在内)，在立柱顶端固定一根长0.8～1米的横梁，并用斜拉杆支撑。"T"字形架柱间距4米。在立柱上距地面0.6米和1.1米处各拉1根铁丝，在柱顶上的横梁两端各拉1～2根铁丝组成"T"字形架面。该架适用生长势中庸偏强的品种和"Y"字形或"V"字形树形，使葡萄主蔓略倾斜向上引绑，其结果枝、营养枝在铁丝上自由下垂生长与结果。由于架顶呈"V"字形叶幕，通风透光好，病虫害少，果实颜色和品质均优良。该架式与树形适用范围较广，在南北方平地或坡地，土壤肥沃、风小地区均适用，更便于机械化作业。

④"丰"字形架　本架是由双臂立架演变发展而来，应用较广，在多雨地区，把上横梁制成拱架并盖膜可形成避雨棚。早春温度

低时，将拱棚薄膜两侧延长到地面上用土压实，即成增温促成栽培棚。“丰”字架立柱为水泥钢筋制成，高 2.8 米（含埋入地下 0.6 米）。在柱上中心距地面 0.7 米处制成小孔，插入螺杆，拧紧螺帽，将长 0.5 米的第一个横梁固定，再于其上每隔 0.5 米制 1 个小孔，设第二个长 0.8 米的横梁和第三个长 1 米的横梁，并在横梁的两端各拉 1 根铁丝，形成“丰”字架式。该架配上“V”字形或“Y”字形树形，适宜生长势偏强的葡萄品种，两条主蔓由下向上呈 45°角倾斜引绑，使树体生长势中庸，架面通风透光，病虫害少，果实品质优良。

(2)棚架 各式棚架均适宜我国南北方的平地、坡地、庭院和街道栽培葡萄时采用。这是一种传统的架式。立柱多为水泥钢筋制成。边行架头上顺架向固定一根横梁（毛竹或木杆），并在横梁上拉 3～4 条铁丝加锚石埋入地下固定，使之与地面平行或略倾斜。架面横向每隔 0.5 米拉数道铁丝组成架面，葡萄枝蔓爬上架后似荫棚，故称为棚架。因棚架结构和长短不同，名称也不同，架面长有 10 米以上者称大棚架；架面长 6～8 米称中棚架；架面长 4～5 米称小棚架。2 个中小棚架的架梢相对，而且架梢用一根主柱组成，似起脊屋样式的称屋脊式棚架。

各种棚架适于生长势较强的葡萄品种和自由扇形或龙蔓形树形。葡萄棚架结构如图 5-2 所示。

①倾斜式大棚架 该架式在我国南北方应用较多，其结构为，架根柱高 1～1.5 米（埋入地下 0.5 米未含在内），架梢柱高 2.2～2.5 米，架长 8～10 米，架中部每隔 4～5 米设排立柱。边柱深埋时要向外与地面呈 45°角倾斜，并用铁丝加锚石拉紧，夯实。柱顶上边梁多用两股 8 号铁丝拧成绳（或用毛竹、木杆）拉直固定而成。架面横向每隔 0.5 米拉 1 道铁丝，全架共拉 12～20 道，组成倾斜大棚架面。选用生长势强旺的品种和采用双龙蔓形或自由式大扇形树形较好。这种架式的优点是架面大，可利用庭院、房顶及猪禽

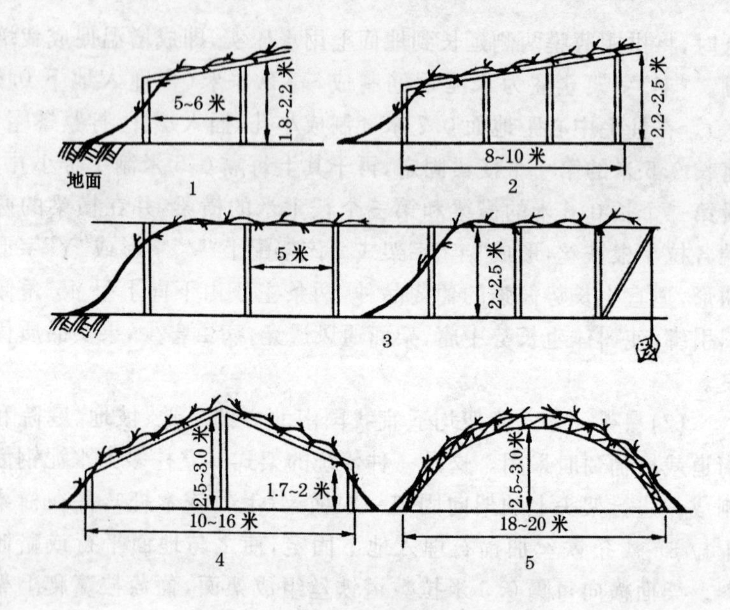

图 5-2　5 种葡萄棚架

1. 小棚架　2. 倾斜式大棚架　3. 水平式大棚架
4. 屋脊式大棚架　5. 钢管拱形棚架

舍上方搭架，使葡萄枝蔓占天不占地，增加经济收入。再有庭院小气候好，果实成熟早、品质好，并能利用早晚时间及时管理。

②倾斜式小棚架　一般架长 4～6 米，架根高 1～1.2 米，架梢柱高 1.8～2.2 米，架上横向每隔 0.5 米拉 1 道铁丝，组成倾斜式小棚架面。小棚架的优点，一是因架式短，植株成形快，结果早，容易调节树势和产量。二是通风透光，病虫害较少，果实品质好。三是本架式适宜生长势中庸品种，各项作业方便。四是该架式在南北方均适用，就是北方葡萄下架埋土防寒也方便。

③屋脊式中小棚架　该架式在南北方公园、道路、水渠上方应用较多。是 2 个中小型倾斜式棚架的架梢相对，共用 1 个架梢立柱组成。一般架中部柱高 2.5～3 米，两边柱高 1.7～2 米（埋入地

下 0.5 米未含在内),架面每隔 0.5 米横拉 1 道铁丝,组成屋脊式棚架面。多选用生长势强、较抗病、优质的晚熟品种,绿化观赏时间长。在两边架根处定植葡萄苗木培养成单、双龙蔓形或多主蔓自由大扇形树形,在正常栽培管理条件下,2～3 年就能爬满架面,果实累累。

④钢管拱形棚架　钢管拱形棚架是由屋脊式棚架发展来的。拱架间距 0.5 米,横向用钢筋焊接固定成整体。拱架跨度按实际空间大小而定,一般用在街道、水渠的上方,“占天而不占地”,双重利用土地。两侧柱高 1.5～1.7 米,中部架高 2.5～3 米,以不影响人、车行走为准。架上横向隔 0.4～0.5 米拉 1 道铁丝组成拱形棚架面。选用葡萄品种与树形与屋脊式棚架相同。该类棚架优点是架面大,牢固,枝蔓通风透光,果实品质好,产量高。能双重利用土地,既绿化环境又增加经济效益。本架式南北方均可应用。

⑤水平式连棚架　连棚架适宜大面积平地或坡地葡萄园。架头柱是水泥钢筋制成的,架头柱和边柱粗为 15 厘米×12 厘米,柱高 2.2～2.5 米(埋入地下 0.5 米未含在内),埋柱时要向外与地面呈 45°～55°角倾斜,埋入地下 0.5 米深,并用双股 8 号铁丝加锚石拉紧,夯实。中部水泥柱粗均为 10 厘米×10 厘米,柱高 2.2～2.5 米,架头立柱横梁用双股 8 号铁丝拧绳代替,棚架上每隔 0.5 米纵横交织呈水平架面,将整个葡萄小区连成一片。大棚架行、株距为 8～12 米×0.6～1.2 米,全园分成数个小区,作业管理方便。水平连棚架优点是架面大,牢固,平整一致,比分散棚架节约架材 50%,适用在成片的平地或坡地。其缺点是一次性投资大,架面年久易出现不平。该架适用生长势强的品种和大型的扇形或“X”形树形。

2. 葡萄的主要树形及整形修剪方法

葡萄是藤本果树,在自然条件下,靠攀缘周围物体向有阳光处生长。因此，树体上部阳光充足，枝叶生长繁茂。下部因光照不足，枝芽生长不良，严重时出现光秃带，结果少，品质差，使结果部位年年外移。所以，需要按一定树形对其进行修剪培养，使其形成骨架牢固的树形和结果枝组。以便充分利用架面空间和阳光，调节树体各部生长和结果关系，达到连年优质高效的目的。

(1)葡萄整形修剪的时期 葡萄整形修剪分秋冬季修剪和夏季修剪2种。在北方地区，秋季霜冻来得早，葡萄枝叶等不到自然脱落而被冻坏，需要及时修剪，以便抢在土壤结冻之前埋土防寒。在南方，葡萄自然落叶后至翌年发芽前2个月内均可进行整形修剪。如修剪时间过晚，早春易出现伤流，造成树体营养浪费。葡萄夏季修剪主要是抹芽、定枝(或称疏枝)、摘心和除副梢。

(2)葡萄整形修剪的方法 根据架式、树形的要求，对主干、主蔓、侧蔓、结果母枝和结果枝组等新梢的数量、长度进行调控修剪，使之形成适用于各种架式上的牢固、丰满树形的骨架。

①*葡萄主干、主蔓的培养与分布* 在南方地区，小苗定植后，按树形要求，当年培养较直立的不同长度的主干，其上再分生主蔓、侧蔓、结果母枝、结果枝组等。如在棚架上，多用传统的有干或无干多主蔓自由大扇形树形。第一年主要培养1条长短不等的主干，再于主干顶部培养2～3条主蔓，在生长至0.8～1.2米时摘心，冬前时，对各主蔓于0.8～1米处留饱满芽剪截。翌年在北方地区为了防寒上下架方便，使基部主干或主蔓与地面呈20°角倾斜引绑上架。发芽后，北方先将主干或主蔓基部0.5米内的芽抹掉，南方在主干基部0.6米形成通风带，再在主蔓顶端选1条粗壮新梢继续培养主蔓，摘心、冬剪与第一年相同。

对各篱架上的多主蔓小扇形树形，主蔓有3～5条，高0.3～0.5米，再于其上间隔0.3米培养侧枝、结果母枝或结果枝组。在北方地区，为便于冬季埋土防寒，可将主干改为无主干多主蔓扇形树形，即从地面附近培养2～4个主蔓，主蔓在架上间距0.5米左右，主蔓基部上架要与地面呈20°～25°角倾斜引绑，防止防寒埋土后断裂。

②**侧蔓的培养与分布**　葡萄定植后，按架式和树形要求培养数量不同的侧蔓。如篱架上的大扇形、棚架上的大扇形和棚架的“X”形等树形，一般需要在主蔓上分生1～3个侧蔓，均匀地分布架面上，弥补架上的空间。其他树形一般不培养侧蔓。

③**结果母枝的培养与分布**　因架式和树形的不同，结果母枝有的着生在结果枝组上，有的直接着生在主、侧蔓上，而且剪留长度也不同。主要是按架面空间大小和品种特性分为长(留8～12个芽)、中(5～7个芽)、短(2～4个芽)梢的剪截方法，使在主、侧蔓的两侧间距25～35厘米，均匀分布在架面上，组成休眠期冬态葡萄树体最外围的枝蔓。

④**结果枝组的培养与分布**　结果枝组是在上一年结果枝的基础上培养起来，是着生在主、侧蔓上的多年生结果单位。一般要求较短小，其上剪留2个较粗壮的结果母枝。由于结果母枝每年都需要剪截更新，3～5年后便形成“龙爪”样的枝组。枝组在主、侧蔓两侧间距为30厘米左右。每年修剪时要尽量利用靠近主、侧蔓上的新枝进行回缩或更新枝组。

⑤**新梢的培养与分布**　新梢是由结果母枝上分生出来的当年枝条，随着结果母枝而均匀分布在架面所有的空间，形成树体外围的叶幕层。架面新梢有花序的称为结果枝，无花序的称为营养枝。结果母枝过多，剪留过长，新梢分布的叶幕层就厚，不利于通风透光。定枝时要将位置不当、过密、过细的枝疏掉。否则，架面郁闭，易发生病虫害，影响果实品质和产量。

(3)葡萄冬剪的留芽量　葡萄冬季修剪是培养树形的关键时期，对保留的结果母枝上的芽眼数量称为冬剪的留芽量。结果母枝上留芽的多少与架式、树形、品种、树龄和生长势有直接关系，其留芽量多少直接影响葡萄树的生长与结果，故要全面考虑，统筹安排。

①*冬剪留芽量的依据* 各种树形架面的空间大小不同，剪留结果母枝数量和留芽量也不同。结果母枝留芽量少的称短梢或极短梢（2～4 个芽）修剪，其上新梢芽眼萌发率高，长出的枝条粗壮，生长快，叶片大，是植株生长强的修剪反应。如结果母枝留芽多（8～12 个芽）称长梢修剪，其上发出的新梢多，营养分散，生长势较前者弱。结果母枝留芽量介于二者之间的（5～7 个芽）称中梢修剪。新梢生长势过强或过弱都会影响开花、坐果和产量，以生长势中庸为佳。所以，冬剪时留芽量应根据架面空间、品种特性、树形要求和枝条生长位置等决定留芽量的多少，以适中为宜。

②*结果母枝的负载量* 每个结果母枝的负载量直接影响单位面积的总产量。如每 667 $米^2$ 按 1 500 千克产量为指标，小棚架每 667 $米^2$ 栽 133 株（行、株距 5 米×1 米）计算，平均每株要生产浆果 11.28 千克，而每株葡萄为 5 $米^2$ 的棚架面上，每平方米应留 5～6 个结果母枝，每个结果母枝平均留 2 个结果枝，按每株有 25 个结果枝计算，平均每个结果枝上负载量为 0.45 千克，就达到每 667 $米^2$ 产 1 500 千克的指标。所以，在小棚架面的结果母枝应以短梢修剪为主，配合中、长梢修剪。如在单篱架上，每 667 $米^2$ 栽 111 株（行、株距为 3 米×2 米），按每 667 $米^2$ 产量 1 500 千克计算，每株负载量为 13.5 千克。而单篱架高 2 米，株距 2 米，每株葡萄有架面 4 $米^2$，每平方米架面上平均留有结果母枝 6～7 个，每个结果母枝平均留 2 个结果枝，全株有 24～28 个结果枝。所以，对结果母枝修剪应以中、短梢混合修剪为主，配合长梢修剪，每个结果枝负载 0.5 千克左右的产量即可完成单位面积的指标。

从上述分析得知，每个结果枝负载量为 0.5 千克左右，如每个结果母枝留芽量平均为 6～7 个，定枝时选留其中 2 个为结果枝和 1～3 个营养枝（靠近主蔓的 1 个为更新的预备枝），就能达到优质、稳产和高效绿色食品的指标。

③营养枝及预备枝的留芽量　营养枝和预备枝是指当年除了结果枝以外的新梢。营养枝冬剪时留 3～5 个芽，则成为翌年的结果母枝。当年新梢留作营养枝的，如有花序可以摘掉，花量不足时也可保留花序结果，增加产量。生产上，主要利用营养枝增加叶量，调节生长势和稳定产量。

(4)葡萄主要树形的培养方法　因为葡萄是多年生藤本果树，必须依附架材支撑生长，才能正常开花结果。所以，每年都通过人工整枝和造型，使枝蔓均匀、合理地布满架面，充分适应自然环境，增加光照，达到立体结果，以形成优质、丰产的树形。

①无主干多主蔓自由扇形树形　本树形在我国北方地区适宜。其特点是无粗硬的主干，从地面附近培养 2～3 个主蔓，每个主蔓上分生 1～2 个侧蔓，又在主、侧蔓的两侧，按间距 25 厘米选留结果枝或结果枝组，便形成主、侧蔓多少不等的自由扇形树形。该种树形多应用在单、双立架和各式棚架上。第一年苗木定植发芽后，在地面附近选 2～3 个较粗壮、均匀的新梢培养主蔓。如主蔓数量不够时，可选 1 个最粗壮新梢留 4～5 片叶强摘心，促其副梢生长，选其中 2 个粗壮枝培养，补充主蔓。当主蔓长 1 米左右时，留 0.8～1 米摘心，其上副梢除顶端留 1 个延长生长外，其余的均留 1 片叶反复摘心，促进加粗生长。顶端延长副梢留 5～6 片叶摘心，二次副梢留 1 片叶摘心，并抹除腋芽防止再生。冬剪时，按主蔓成熟段的粗度和架面空间决定剪留长度，如达到 1 厘米以上，而又有较大空间架面，在 0.8～1 米处留饱满芽剪截。翌年出土上架时，主干或主蔓基部与地面要小于 20°角与顺着行向呈 35°角倾斜引绑上立架面，有利于调节树势和防止防寒时将主干压断。发芽后，将主蔓基部 0.5 米以内的芽抹掉，在顶部选 1 个粗壮延长枝摘掉花序，促进顶部新梢生长。其次，在主蔓两侧空间大时培养 1～2 个侧蔓，对主、侧蔓两侧的新梢，按间距 25 厘米左右，选位置适宜，生长势中庸的新梢培养结果母枝，其中粗壮的可留 1 个花序

结果,中庸枝不留,以便调节生长势。夏剪时,按树形要求对延长枝、营养枝摘心,如在篱架中、小扇形上,留 7～8 片叶摘心,并引绑在第二至第三道铁丝上。各类棚架上的大扇形树形,要求主、侧蔓新梢延长至第四道铁丝上,即 2 米长左右,引绑并摘心。结果枝要在花序上留 5～6 片叶摘心,顶端副梢留 5～6 片叶摘心,二次副梢留 1 片叶摘心并抹除腋芽防止再生。花序下副梢及早从根抹掉,花序上副梢留 1 片叶反复摘心。营养枝长到第二至第三道铁线以上时摘心、引绑,副梢管理与结果枝相同。冬剪时,对主、侧蔓延长枝按架面空间要求,当粗度达 0.8 厘米以上时,于 0.8～1 米处留饱满芽剪截。对结果枝、营养枝按本树形要求只留 3～5 个芽短截,作为翌年结果母枝。第三年春季,通过抹芽、定枝,在主、侧蔓顶部选 1 个粗壮延长枝,继续培养扩大树形。粗壮的结果枝留 1～2 个花序,中庸枝留 1 个花序,弱枝不留,以抑强助弱,调节结果枝间生长势,达到全树均衡,立体结果。夏季管理与翌年相同。3 年生树培养基本完成树形骨架的培养,以后每年冬季修剪主要对结果枝组进行更新,夏季修剪主要是注意调节架面叶幕层,使其通风透光,结出色泽鲜艳、品质优良的果实(图 5-3)。

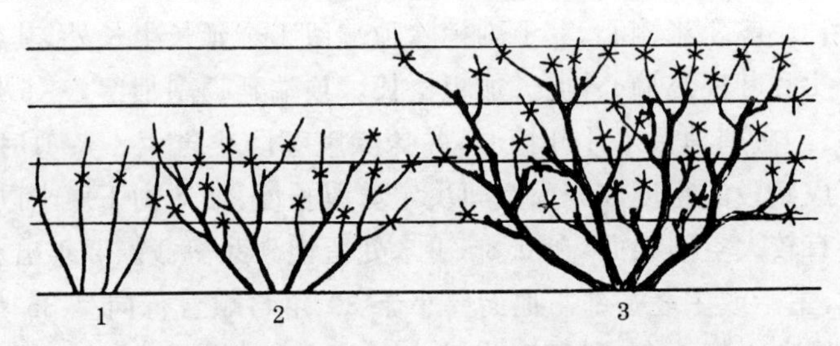

图 5-3　葡萄单立架无主干多主蔓扇形树形培养

1. 第一年冬剪后树形　2. 第二年冬剪后已留结果母枝

3. 第三、第四年冬剪 3 年生主蔓已形成结果枝组,2 年生主蔓已有结果母枝

②水平形树形　该树形在篱(立)架上分为单臂单层水平形、单臂双层水平形、双臂单层水平形和双臂双层水平形4种类型。这些水平形树形是按篱架高低、株距大小和品种生长势强弱的不同,而选择相适宜的树形。

第一,单臂单层水平形树形。适用于生长势中庸的品种和较矮的篱架。苗木定植当年,培养一个粗壮的新梢做主蔓,稍倾斜引绑在架面上。株距2～2.5米,当年留1.2～1.5米摘心,促进主蔓加粗生长,充实成熟。主蔓摘心后,顶端留1个副梢留5～6片叶摘心,并将地表上0.5米以内嫩芽从基部抹掉,中部的副梢留1片叶摘心,第二次副梢也留1片叶摘心,并抹除腋芽,防止再生。冬剪时,主蔓粗度达0.8厘米以上时,在1～1.2米处留饱满芽剪截,并剪除全部副梢,即完成单臂单层主蔓的培养任务。

第二年春季上架时,将主蔓顺行向统一弯曲引绑在第一道铁丝上,形成单臂单层水平形树形的主蔓。通过抹芽、定枝,在主蔓单臂上部两侧每隔25厘米左右选留1个较壮的新梢,培养结果母枝,引绑在第二道铁丝上。在主蔓顶端选1个粗壮的新梢培养延长枝,达到株间长度时摘心。主蔓上的新梢,结果的称为结果枝,没有花序的称营养枝。其中,粗壮的结果枝留1个花序结果,全株留2～4穗即可,多余的花序疏掉,以便集中营养培养树形的骨架。当年的新梢长到40～50厘米时,引绑在第三道铁丝上,并进行摘心。冬剪时,主蔓延长梢按株间距剪留,一般经2年完成主蔓培养任务,其上培养2～3个结果母枝,留3～5个芽剪截。

第三年春季萌芽后,结果母枝选留大而扁的主芽,将其余副芽和不定芽抹掉。当新梢长出20～30厘米,可看清花序时,每个结果枝组留2个有花序的新梢(结果枝),1～2个无花序的新梢(营养枝),增加叶面积。主蔓延长枝抽出的新梢,有花序的结果枝,粗壮的留1个花序,无花序的新梢仍按25厘米间距培养翌年的结果母枝。冬剪时,各结果枝留3～5个芽剪截,成为结果母枝。在上1年结果母枝上，对结果枝和营养枝按空间进行回缩和疏剪，每个结果枝组留2～3个结果母枝，即完成培养单臂单层水平形树形。

第四年管理与第三年相同，以后每年冬剪，主要是调整与更新结果枝组，夏季修剪是注意调整叶幕层，使之通风透光，多结果实，结好果实。

第二，双臂单层水平形树形。适用于生长势稍强旺的品种和稍高的篱架。双臂的培养方法，就是在苗木定植当年培养2个生长势较均匀的新梢或在每个坑里定植2株苗，各培养1条主蔓，共2条主蔓，略倾斜的引绑在第一、第二道铁丝上，同样长到1.2～1.5米时摘心，延长枝和中部的副梢处理与单臂单层水平形树形相同。冬季修剪对延长枝和中部的新梢处理也与前者相同，只是第二年春季上架时，将2条主蔓与立架面较弯曲的向相反方向引绑在第一道铁丝上，就形成双臂单层水平形主蔓骨架，其他管理如抹芽、定枝、摘心、留花序、副梢管理和冬剪方法均与单臂单层水平形树形相同。第三、第四年以后管理也与单臂单层水平形相同。

第三，单臂双层水平形树形。该树形多用于高2.2米立架和生长势中庸偏强的品种。苗木定植第一年培养2条主蔓，夏季管理与单臂单层水平形树形相同。冬剪时，粗者留1.5米长剪截，另一条留1.2米长剪截。翌年春季，将较长的主蔓呈水平式的引绑在第三道铁丝上，另一条主蔓水平引绑在第一道铁丝上，二者延长方向相同，即形成单臂双层水平形树形的骨架，其上延长枝的结果枝和主蔓上的结果枝组选留及夏季管理、冬季修剪，均与单臂单层水平形树形相同。

第四，双臂双层水平形树形。由单臂双层水平形树形发展而来的，主要是用于生长势强旺的品种和较高的单立架上。树形骨架的培养方法与单臂双层水平形树形相同，就是在每个定植坑中栽植 2 株或 4 株苗木，当年就培养成 4 条主蔓骨架。如每穴定植 2 株时，当年每株培养 2 条主蔓，通过抹芽、定枝、摘心及副梢管理，秋季主蔓都达到长度、粗度要求，就完成 4 条主蔓培养任务。其上新梢在主蔓两侧间距 25 厘米左右处培养一个结果母枝或结果枝组，即完成本树形的整形修剪任务(图 5-4)。

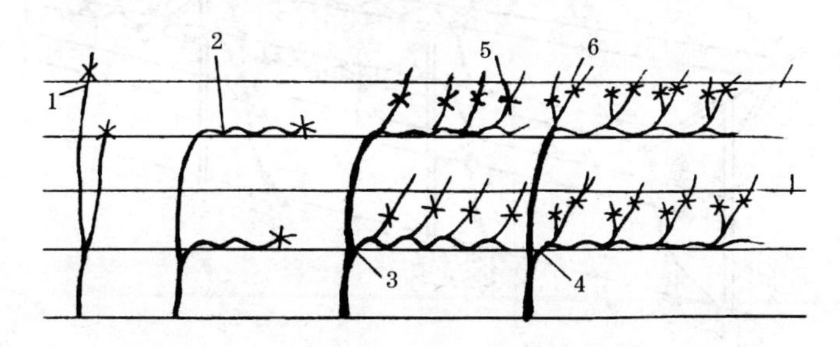

图 5-4　葡萄单立架单臂双层水平形树形培养

1. 第一年冬剪　2. 第二年春上架　3. 第二年冬剪形成结果母枝　4. 第三年冬剪形成结果枝组　5. 结果母枝　6. 结果枝组

③“Y”字和“V”字形树形　这 2 种树形在南北方均适用，以在“T”字形架、双“十”字形架、“丰”字形架应用较好。以“Y”字形树形的培养为例，在苗木定植当年培养 1 条长 0.6～0.8 米的主干(南方 0.8 米，有利于通风)，引绑在立柱铁丝上，主干顶部利用副梢培养 2 条长 0.8 米的主蔓，沿“T”字形架或双“十”字架或“丰”字架横梁两端的铁丝倾斜式引绑。翌年主蔓上的延长梢生长到架顶，对原主蔓两侧的新梢，即结果枝和营养枝按间距 25 厘米左右留 1 个结果母枝或结果枝组，让其上的新梢自由下垂生长与结果。

这 3 种架顶均形成“V”字形叶幕，通风透光好，病虫害少，果实品质优，产量高。“V”字形树形培养方法与“Y”字形树形基本相同，只是第一年在苗木基部直接培养长 0.6～0.8 米的 2 个生长势均匀的主蔓，第二年主蔓上的延长枝达到架顶，第三年在主蔓两侧按25厘米左右间距培养1个结果母枝或结果枝组，冬剪和夏剪方法与"T"字形架相同(图5-5)。

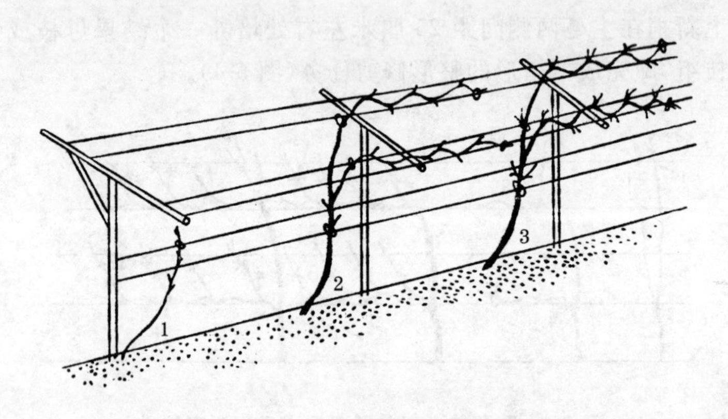

图5-5 "T"形架"Y"形树形培养

1. 1年生培养主干 2. 二年生培养成双主蔓和结果母枝
3. 3～4年生在主蔓上培养成结果母枝和结果枝组

④龙蔓(干)形树形 苗木定植当年在地上培养1条长0.6～0.8米的主蔓，以后每年延伸0.6～0.8米，直至达到架顶为止的称独龙蔓。在第一年，从地表上培养2条生长势均匀的主蔓，称为双龙蔓树形。第二及第三年，北方的龙蔓树形，在幼树时人工将主干或主蔓做成3个慢弯，第一个弯在主蔓基部顺着行向与地面呈35°角倾斜引绑；第二个弯是主蔓向立架面呈45°角上架，使主蔓基部呈"鹅脖"弯状；第三个弯在立架面向棚架面延伸时呈135°角左右引绑。如弯度小于120°时，主蔓弯曲上方的新梢生长势过强，会影响延长生长。将主干或主蔓人工做成3个慢弯，可以方便上、下架，防止防寒时主干被压断裂。其次，将主蔓下部50厘米芽抹掉，形成通风带，促进延长生长。第三，在主蔓两侧按间距25～35厘米培养结果母枝和结果枝组。夏季修剪时延长枝每年留0.6～

0.8 米长摘心；结果枝在花序上留 5～6 片叶摘心；营养枝留 8～10 片叶摘心。对第一次副梢均留 1 片叶摘心，二次副梢也留 1 片叶摘心，并抹除腋芽，防止再生。冬季修剪时，延长枝留 0.6～0.8 米剪截，结果枝和营养枝留 3～5 个芽剪截，作下一年的结果母枝。至此，龙蔓形树形培养完成。龙蔓间距按 0.5～0.6 米上架引绑为宜。

⑤“X”形树形　适用南方冬季不下架防寒的地区，在水平大棚架上采用此树形比较规范，枝条分布均匀，通风透光条件好。要求冬夏季修剪严格有序，保证树形完善，生长势均衡，浆果品质和产量都达到国际绿色食品标准。

“X”形树形培养过程：第一年栽苗后选留 1 个生长势强、直立的新梢培养成主干，留 1.6～1.8 米摘心，副梢均留 1 片叶反复摘心。冬剪时，在 1.6～1.8 米处留饱满芽剪截，并剪除所有副梢。第二年在主干顶部培养 2 个生长势均匀的主蔓，分别向南北或东西方向生长，当长 0.6 米时强摘心，在 2 个主蔓顶部各培养生长势相近的 2 条侧蔓，将其呈“X”形引绑，在 8 月份，留 0.6～0.8 米长摘心，其上的副梢均留 1 片叶反复摘心。冬剪时，4 条侧蔓在 0.5～0.7 米处留饱满芽剪截，并剪除所有副梢。第三年，先将主干基部的萌芽抹掉，以便促进侧蔓上的新梢生长，在侧蔓的两侧按间距 25 厘米左右，按空间大小培养大、中、小结果枝或结果枝组。结果枝、营养枝和副梢的夏季管理与其他树形相同，只是冬剪时，在侧蔓上着生的结果枝或结果枝组，如架上空间较大，剪留 5～8 个芽，培养成较大型结果枝组；中部空间较小，剪留 4～6 个芽培养成中型结果枝组；如架面空间较小，剪留 3～4 个芽培养成小型枝组。至此，“X”形树形培养完毕。以后，每年主要是冬剪更新枝组，夏季调节叶幕，使其通风透光，年年果实品质优良，丰产、稳产(图 5-6)。

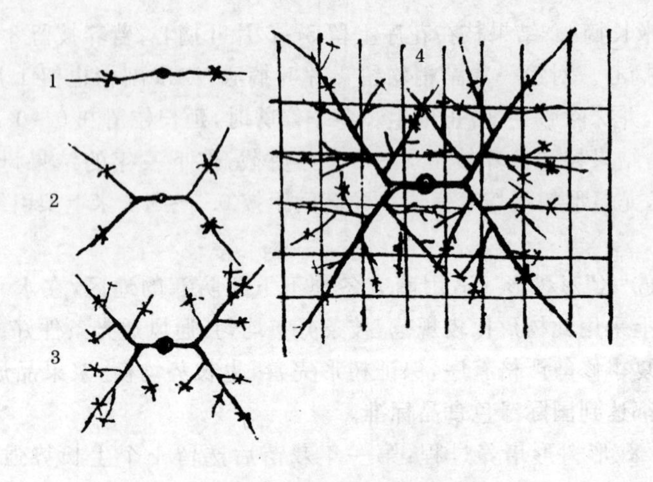

图 5-6　水平棚架"X"形树形培养图

1. 第一年冬剪　2. 第二年冬剪形成侧蔓

3. 第三年冬剪在主、侧蔓上形成结果枝和结果枝组

4. 第四年完成树形培养

六、葡萄枝蔓与花果管理

葡萄每年都要经过春生、夏长、秋实、冬眠的生长发育过程。在生产上要根据葡萄不同物候期的生长特点采用相应的农业技术措施,科学的管理芽、枝蔓、花果,才能获得绿色无公害食品优质葡萄果实。

葡萄花果管理是要以树液开始流动,芽眼萌发,长梢时就着手调节树体营养,促进有用的枝芽生长,使花序完成某些器官的分化,直至进入始花期。这个时期树体管理包括葡萄枝蔓出土上架、结果母枝的复剪、抹芽、疏枝(定枝)、绑梢、花序的修整、果穗整形和疏果等项作业,各项措施的作业都要求及时到位,才能满足葡萄花果生长发育的要求,使葡萄优良品种的高产优质性状得到充分的发挥。

(一)葡萄枝蔓与花果管理方面存在的主要问题

一些地区的果农对加强葡萄枝蔓与花果管理、生产绿色无公害果品的重要性认识不足。有的果农对国家农业部颁布的绿色、无公害食品的农业行业标准不太了解,因而也就不能以其为依据进行葡萄生产。对枝蔓与花果管理中的具体量化指标不明确。对枝蔓和花果到底有哪些科学有效的管理技术措施,又如何实施这些技术措施,也不清楚,只是凭想象、靠老经验进行生产,自然也就妨碍了生产效益的提高。

(二)掌握管理标准,明确致力方向

进行葡萄枝蔓与花果管理,必须了解相关的国家农业行业标准,即 NY/T 428—2000《绿色食品　葡萄》和 NY/T 5086—2002《无公害食品　鲜食葡萄》,以便使生产的葡萄达到绿色无公害食品标准,成为安全优质果品。其无公害食品鲜食葡萄感官标准见表 6-1,卫生标准见表 6-2,理化标准见表 6-3,鲜食等级标准见表 6-4,葡萄代表品种鲜食平均粒重和含可溶性固形物标准见表 6-5。

表 6-1　鲜食葡萄感官要求　(NY/T 5086—2002)

项　目	指　标
果　穗	典型而完整
果　粒	大小均匀发育完好
成熟度	充分成熟果粒≥98%
色　泽	具有本品种应有的色泽
风　味	具有本品种固有风味
缺陷果	≤5%

表 6-2　鲜食葡萄卫生要求　(NY/T 5086—2002)

序　号	项　目	限量指标(毫克/千克)
1	砷(以 As 计)	≤0.5
2	铅(以 Pb 计)	≤0.2
3	镉(以 Cd 计)	≤0.05
4	汞(以 Hg 计)	≤0.01

续表 6-2

序　号	项　目	限量指标(毫克/千克)
5	敌敌畏(dichlorvos)	≤0.2
6	杀螟硫磷(fenitrothion)	≤0.5
7	溴氰菊酯(deltamethrin)	≤0.1
8	氰戊菊酯(fenvalerte)	≤0.2
9	敌百虫(trichlorton)	≤0.1
10	百菌清(chlorothalonil)	≤1.0
11	多菌灵(carbenbendazim)	≤0.5

注：根据《中华人民共和国农药管理条例》，剧毒和高毒农药，不得在果品生产中使用。

表 6-3　绿色食品理化要求　(NY/T 478—2002)

项　目	指　标
总酸(以柠檬酸计)，%	≤0.7
可溶性固形物，%	≥20(新疆)，15～18(内地)
固酸比	≥28

表 6-4　鲜食葡萄等级标准　(NY/T 470—2001)

项　目	优　等	一　等	二　等
果穗基本要求	果穗完整、洁净、无异常气味，不落粒，无水罐，无干缩果，无腐烂，无小青粒，无非正常的外来水分，果梗、果蒂发育良好并健壮、新鲜、无伤害		
果粒基本要求	充分发育；充分成熟；果形端正，具有本品种固有特征		

续表 6-4

项　目	优　等	一　等	二　等
果穗基本要求：果穗大小(千克)	0.4～0.8	0.3～0.4	<0.3或>0.8
果粒着生紧密度	中等紧密	中等紧密	极紧密或稀疏
果粒基本要求：大小(千克)	≥平均值的115%	≥平均值	<平均值
着　色	好	良　好	较　好
果　粉	完　整	完　整	基本完整
果面缺陷	无	缺陷果粒≤2%	缺陷果粒≤5%
二氧化硫伤害	无	受伤果粒≤2%	受伤果粒≤5%
可溶性固形物含量	≥平均值的115%	≥平均值	<平均值
风　味	好	良　好	较　好

表 6-5　我国代表性鲜食葡萄品种的平均粒重和可溶性固形物含量

(NY/T 470—2001)

品　种	平均粒重(克)	可溶性固形物含量(克/100毫升)	品　种	平均粒重(克)	可溶性固形物含量(克/100毫升)
玫瑰香	5.0	17	圣诞玫瑰	6.0	16
巨　峰	10.0	15	瑞必尔	8.0	16
红地球	12.0	16	秋　黑	8.0	17
京　秀	7.0	16	里扎马特	10.0	15
藤　稔	15.0	14	绯　红	9.0	14
牛　奶	8.0	15	京　亚	9.0	14
龙　眼	6.0	16	无核白鸡心	6.0	15
泽　香	5.5	17	无核白	2.5	19
木纳格	8.0	18			

(三)提高葡萄枝蔓与花果管理效益的方法

1. 加强肥水管理,壮树催果

葡萄树体健壮,结出的果实大,品质好。各地农贸市场上,如葡萄果穗、果粒大小整齐,色泽好,商品价格高,销售快。在生产上,果农创造出许多增大果粒、增浓色泽和改善品质的技术,提高经济效益。

(1)增施有机肥,壮树催果 我国多是利用沙荒薄地栽植果树,果园土壤普遍缺乏有机质和矿物质营养。因此,在建园时,要对葡萄定植沟进行深翻施肥改土,并且在葡萄成活后,每年秋季进行扩沟施肥改土。施肥量一般每667米^{2}至少施入5 000千克腐熟的有机肥,并混加30～50千克过磷酸钙。在生长季节,要按葡萄物候期进行追施腐熟人粪尿和速效性矿物质肥料,使果园土壤有机质含量达3%～5%以上。据资料,美国加利福尼亚州果园土壤有机质含量达5%～8%,日本的果园土壤有机质含量达3%～5%,而我国果园土壤有机质的含量仅为1%～2.5%,难以满足葡萄生长与开花、结果的需求。因此,要坚持年年施肥,以增加土壤有机质含量,使葡萄树体健壮,生产出优质、高产的浆果。

(2)控制新梢,调节营养 早春对葡萄新梢进行摘心,主要是调节营养,使之流向花序,并有利于通风透光,促进坐果和果粒生长(图6-1)。

①对结果枝摘心的时间与方法 根据新梢生长势强弱、品种坐果率高低和土壤肥力高低,确定合理的产量指标。我国葡萄园每667米^{2}的产量以1 500千克左右为标准。对结果枝摘心,生长势强,落花落果严重的品种,如巨峰、先锋和玫瑰香等,应在开花前

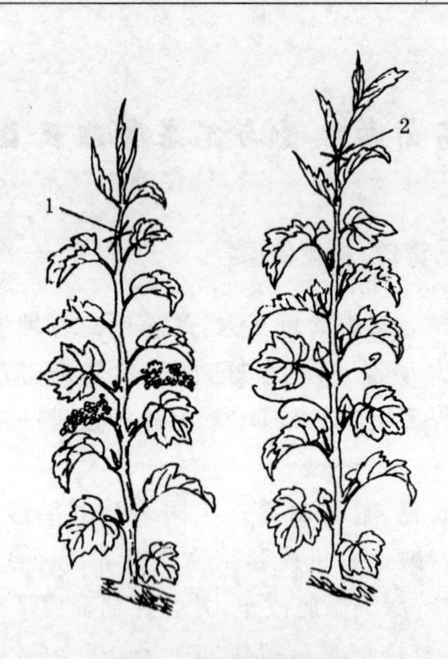

图 6-1　葡萄新梢摘心

1. 结果新梢摘心　2. 营养枝及预备枝摘心

3～5 天，于花序以上留 5～6 片叶摘心为宜；对新梢生长势中庸，坐果率高的品种，如奥古斯特、凤凰 51 号和京秀等，开花初期在花序以上留 6～7 片叶摘心；对新梢生长势较弱的品种，要晚摘心或不摘心；而对生长势较强、花序较大、坐果率高及果实容易受日灼的品种，如红地球和美人指等，应在开花期于花序以上留 7～8 片叶摘心。摘心的位置一般以摘心部位在幼叶相当正常叶片 1/3 处摘掉较适宜，因为正常叶片 1/3 的叶片，自身光合作用制造的营养不但能够满足自身呼吸作用的消耗，并且还有剩余部分供给其他器官。笔者在生产栽培实践中体会到，对结果枝摘心，多在花序以上留 6～7 片叶摘心为宜，但由于结果枝生长势不同，也要区别对待。即对生长势强的枝在花序以上留 7～8 片叶摘心；长势中庸的枝在花序以上留 6～7 片叶摘心；对落花落果较重的巨峰等品种和生长势强的新梢，于开花前3～5天或初花期，在花序上留5～6片叶摘心；对生长势弱的新梢要摘掉花序，在12片叶长到成叶1/3处摘心。

②*对营养枝摘心的时期与方法*　营养枝是指无花序或将花序摘掉的新梢。对其摘心，主要是控制生长，调节营养，促进花芽分化和果实膨大，以及促进枝条加粗和木质化。营养枝的摘心，应根据品种生长势和生长期不同，确定其摘心方法。如在北方地区，生长势正常，生长期少于150天的地区，一般留8～10片叶摘心；生长期151～180天的地区，留10～12片叶摘心；生长期在180天以上的地区，留12～14片叶摘心。

③*对延长新梢摘心的时间与方法*　主、侧蔓延长梢的主要作用是扩大树冠，尽早完成树形的构造。对其摘心是为了促进延长枝加粗生长，充分成熟。摘心的时间与方法，主要根据生长期长短和新梢生长势强弱与粗度确定。生长期较长，新梢生长势又很强的品种，对其延长梢摘心时，可采用两段成蔓摘心方法进行。即当延长梢长到100厘米左右，预计达到当年冬季修剪所留的长度时进行第一次摘心，顶端留1～2个副梢继续延长生长。当副梢长到60～70厘米长时，进行第二次摘心。对生长势中庸的延长梢，在落叶前50天左右摘心。在北方生长期短的地区，可在立秋前后摘心，摘心位置要略长于冬剪预留的长度。即冬剪时，在第一次摘心处附近留饱满芽剪截即可。对生长势较弱的延长梢，在生长前期将其换头，选下部健壮新梢作延长梢，再按上述摘心方法培养延长枝。

④*葡萄副梢的摘心、利用与管理*　葡萄副梢是葡萄树冠的组成部分。副梢管理的目的，就是保证叶幕层结构合理，有充足的叶面积，增加新叶面积，使叶幕层既能增加树体营养，又能通风透光，减少病虫害发生，充分利用光能，增强光合作用，提高浆果品质和产量。另外，幼树还可利用副梢加速整形，提早结果，以及利用副

梢结二次果，补充产量。但如果副梢管理不好，处理不及时，不但浪费树体营养，还造成架面叶幕层郁闭，影响通风透光，甚至发生病虫害，影响浆果的品质和产量。副梢的处理，应根据副梢着生位置、生长势以及空间等因素灵活掌握。

第一，对结果枝上各部分副梢的处理时期与方法。结果枝花序下部的副梢长出 0.5～1 厘米时，应及时从基部抹掉，避免与花序争夺养分。结果枝摘心后顶端的 1～2 个副梢，视生长势强弱留 5～6 片叶摘心。对生长势强的欧亚品种，如克瑞森无核、无核白鸡心等，可多留 1～2 片叶；生长势中庸的品种，如京秀、藤稔等，少留 1～2 片叶；其他部位的副梢，留 1 片叶反复摘心，或待二次副梢长出后，仍留 1 片叶摘心，并抹除副梢上的腋芽，以防再生。对容易发生日灼的品种，如红地球、美人指等，在花序上部的副梢摘心时要多留 1～2 片叶，防止发生日灼，待高温干旱期过后，调整叶幕层结构时，适当剪除部分老叶及回缩部分副梢。

第二，对营养枝上的副梢处理。对营养枝摘心后萌发出的副梢，顶端 1～2 个副梢留 3～5 片叶摘心，第二副梢留 1 片叶摘心，并抹除二次副梢上的腋芽，防止再生。如利用副梢夏芽二次结果时，对营养枝应进行强摘心，以促其萌发副梢结二次果。摘心的部位应在有 2～3 个未萌发夏芽的上方进行。除留 2～3 个未萌发的夏芽外，其余的副梢均从基部抹除，使营养物质集中供给顶端未萌发的夏芽，促使其尽快分化出花芽。最适宜的摘心促花时间是在开花前 20 天左右。在辽宁兴城，对巨峰品种的摘心促花一般在 5 月 10 日左右进行。当所培养的夏芽副梢长出 4～5 片叶时，就能看出有无花序。如没有花序，可再留 2～3 片叶摘心，促其夏芽分化和萌发，结二次果。此种方法不仅对巨峰有效果，对玫瑰香、87-1 和凤凰 51 等品种效果也均好。在生产上，一般不提倡结二次果。因为二次果果皮较厚，果粒小，品质差，还影响翌年的产量。

第三，延长枝副梢的处理时期与方法。延长枝上的副梢处理，应根据品种及树势灵活掌握。生长势强旺的品种，如无核白鸡心、优无核和克瑞森无核等，由于新梢容易徒长，使冬芽分化不良，故可对其延长枝提前摘心，促进副梢萌发，利用副梢培养翌年的结果母枝；对生长势中庸的品种摘心，使摘心后顶端的第一个副梢继续延长生长，将其余副梢均留 1 片叶摘心，并抹除副梢上的腋芽；对生长势较弱的品种的摘心方法，与营养枝副梢的处理相同（图 6-2）。

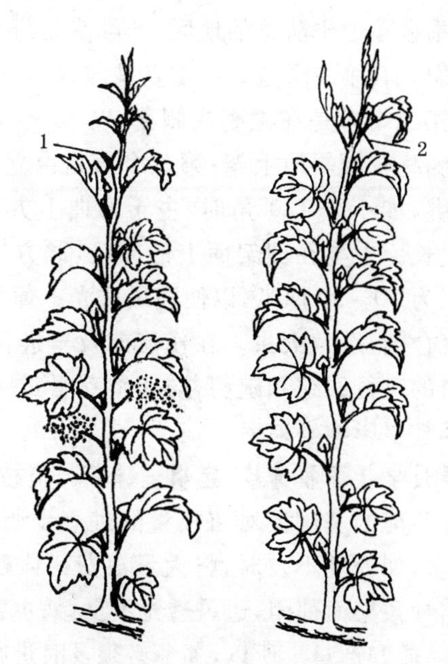

图 6-2 葡萄副梢处理

1. 结果枝上副梢处理 2. 营养枝上副梢处理

2. 加强葡萄开花前的枝蔓管理

（1）葡萄枝蔓的出土、上架和复剪 冬季葡萄枝蔓埋土防寒的地区，要求在平均温度 10℃以上，当地山桃花开放时，及时撤除防寒土,将葡萄枝蔓按架式要求引绑上架。葡萄枝蔓在架上要均匀摆开。枝蔓上架引绑的姿态,与架式、树形和枝蔓的生长势密切相关。如立架上的多主蔓自由扇形树形枝蔓的引绑,将生长势稍强的长主蔓,倾斜式引绑在扇形两侧;生长势偏弱、偏短的主蔓,要较直立地引绑在扇形中部位置,以便调节生长势,增加萌芽率,使之枝蔓间生长势平衡。在棚架上,无论采用双龙蔓还是多主蔓自由扇形,在引绑主蔓基部时,一定要做成 3 个慢弯,使树势生长缓和,容易结果。冬季枝蔓埋土防寒的地区,既可使葡萄上下架方便,又能防止主蔓断裂。其第一个弯是在主蔓基部,顺着行向和风向,与地面呈 45°角;第二个弯是在主蔓或侧蔓,以 50°～60°角向立架面上引绑,使主、侧蔓较倾斜地上架;第三个弯是由立架向棚架面以 135°左右角引绑,如小于 120°角时,主干弯曲上方新梢生长势过旺,影响延长生长。主蔓在棚架面上的间距,北方地区为 60～80 厘米,南方地区为 70～90 厘米,以便通风透光。葡萄枝蔓上架后,剥老皮,喷石硫合剂,杀菌灭虫。在伤流前及早进行复剪,将结果母枝过长、过密的进行回缩和疏剪,防止留芽量过多,影响萌芽率和新梢生长势,甚至影响坐果率。

(2)早春要及早抹芽和疏枝、定梢 抹芽与疏枝主要是为了调节树体营养,在冬剪的基础上对留枝量的进一步调整。葡萄早春萌发的芽眼较多,如处理不及时,将大量浪费树体贮存的营养,产生过多的新梢,导致架面郁闭,通风透光不良,病虫害容易发生,直接影响葡萄的品质和产量。所以,葡萄必须及时进行抹芽和疏枝,使架面上新梢分布均匀合理,集中营养和水分供给留下的芽和新梢,从而促进枝条生长及花器官的继续分化、发育,达到提高坐果率,果穗整齐和优质、高产的目的。

①抹芽的时期与方法 早春葡萄萌芽后,当芽长到 1 厘米左右时,进行第一次抹芽。先将主蔓基部 50～70 厘米(北方留 50～60 厘米、南方留 60～70 厘米)以下无用的芽抹掉,形成通风带,再

将结果母枝发育不良的基节芽、双芽和三生芽中的尖头瘦弱芽及早抹去，保留粗大而扁的壮芽。第二次在新梢长出3～5厘米，能看清有无花序时进行，将无生长空间的瘦弱芽和结果母枝前端无花序及位置不当的芽抹去，保留结果母枝前端有花序的芽作为结果枝，靠近主蔓、位置适宜的芽将花序去掉作预备枝，如花序量不足时也可以保留结果。

②疏枝与定梢的时期、方法及注意事项　疏枝与定梢是在抹芽的基础上，最后对架面留枝密度的调整，以决定植株新梢的分布、枝果比和产量。疏枝的原则是根据所采用的架式、树形、树势及新梢生长势决定疏、留枝的数量。一般在单立架自由扇形和双层水平形树形，每平方米架面上留枝10～14个；在棚架双龙蔓形或自由扇形树形，每平方米架面上留枝数为8～12个。第一次疏枝、定梢的时期是在新梢长到10～15厘米，能看清花序大小时进行。同时，还要考虑葡萄种类和花序大小，一般欧亚品种留枝密度要按上述留枝原则的上限，欧美杂交种留枝数量要按下限数量较为适宜。其枝果比，花序大、坐果率高的品种约为2∶1，也就是留结果枝2个，再留1个营养枝帮助供给营养，才能优质高产；花序小、坐果率差的品种，枝果比约为4∶1。第二次疏枝主要对风大地区及少数品种，因其芽基角小，新梢半木质化前着生不牢固，如巨峰、香红等品种的新梢易被风刮掉。因此，疏枝是每平方米要多留1～2个新梢，等季风过后再疏枝、定梢。另外，疏枝、定梢要做到“四多、四少、四注意”。“四多”就是土壤管理肥水多，树体健壮枝梢多，架面空间较多，每平方米架面要多留1～2个枝。“四少”是土壤瘠薄肥水少，树势偏弱枝梢少，架面空间少，则每平方米架面要少留1～2个枝。“四注意”指一是架面上新梢引绑要均匀；二是留梢要选位置正、花序大的壮枝；三是注意保护光秃带的萌芽枝，以填空补缺，使树体完整；四是老树注意培养萌蘖枝，更新复壮。

(3)加强葡萄花序管理 经过抹芽与疏枝，达到了较适宜留枝、定梢的目的，还要通过疏掉过多的花序和控制花序大小来进一步调整产量，使果穗大小整齐、紧凑，改善果穗外观品质。

①疏花序的时间与方法 疏除多余的花序是节约营养、控制产量和提高果实品质的有效措施之一。根据本地气候条件、管理水平和市场需求情况，确定每667米^{2}的葡萄产量指标。如棚架的巨峰葡萄为1 500千克左右，每穗果按400克计算，则留花序数为4 000～5 000个较为适宜。但是，为了防止气候异常时对花序造成伤害，影响坐果，北方地区花前留花序量应较实际数多留10%～20%，南方地区高温多湿，巨峰落花落果较重，其花序量应比实际多留20%～30%。坐果后，对果穗量再做最后的调整，疏去生长不好的果穗或果粒即可。

疏除花序以在花前10天左右喷硼肥前进行为宜。疏花序的方法是：对生长势旺的结果枝留2个花序，中庸枝留1个花序，生长势较弱的结果枝则不留花序。在生产上，常用多留花序、多结果压枝的方法来调整生长势。疏花序还要根据品种生长势和坐果率高低的情况来进行。对生长势中庸或偏弱、坐果率偏高的品种，如金星无核、香妃和黑汉等，在新梢长出10多厘米，可看清花序大小、多少时尽早进行，以便节省树体营养，促进枝条生长和保留的花序进一步分化与发育。对生长势强旺、花序较大和坐果率高的品种，如红地球、美人指和龙眼等，在花序伸长时就及早将多余的花序疏掉。对生长势中庸偏强、落花落果较重的品种，如巨峰及巨峰群其他品种，要在可看出花序形状、大小时及早进行，以便节省营养，提高坐果率。另外，疏花序时还要考虑到结果枝与营养枝间的比例关系，也就是叶果比的关系。一般1个结果枝留1～2穗果，还要有0.5～1个营养枝的叶片帮助供应营养，其浆果品质和产量才能达到优质、高产的标准。如欧美杂交种的巨峰和藤稔等，平均每个结果枝结出穗重500克的浆果时，必须有1～1.5个营养枝的叶片，才能达到0.5千克浆果有30～35片叶供应营养的标准。欧亚种的红地球和美人指，因其叶片小而薄，制造营养量少，每个结果枝结0.5千克浆果时，需要有40～45片叶供应营养。故在欧亚种副梢摘心时，要比欧美杂交种多留2～3片叶。

②*花序整形*　葡萄花序整形是节省营养，提高果穗外观的重要措施之一。花序整形视品种的穗形而定，果穗是圆柱形或较紧凑的圆锥形的花序，一般不需要再整形，如金星无核和87-1等。对于花序分枝形或长圆锥形的品种，要将上部1～3个过大的分枝和过长的穗尖去掉，如巨峰系、红地球、龙眼、秋红和里扎马特等品种，将穗上部过大的副穗去掉，再将过长的穗尖掐去1/5～1/4，使果穗整齐紧凑，大小一致，也便于包装和销售。

3. 强化果穗和果粒管理

生产上，葡萄的产量与果实的品质成负相关关系。一般葡萄产量偏低，果实品质较好；产量过高，则品质下降。葡萄的产量由果穗和果粒构成，即与果穗大小及果粒大小有关。因此，要通过疏果穗和疏果粒进一步调整产量，达到提高品质和效益的目的。

(1)疏果穗和疏果粒的时期　为了进一步减少养分的无谓消耗，疏果穗和疏果粒以在葡萄自然生理落果后，能估算出每平方米架面上留下果穗数量时进行。将过密或过小及畸形果疏掉。在棚架面上每平方米留4～5个果穗，在立架面上每平方米留5～6个果穗。疏果粒，多在果粒长到黄豆粒大小时进行第一次；在果粒进入硬核期，可看出果粒大小时进行第二次。

(2)疏果穗及疏果粒的方法　在疏除多余花序的基础上，还要核对架面上产量的多少。如超载过多时，一定要及早将多余的果穗或果粒疏掉。根据国内外的生产经验，每生产1千克果实必须有1.5～2.5米^{2}叶面积，才能保证浆果品质优良，果实含糖量达16～17度。因为果实品质和产量与叶面积大小存在着极大的相关。通常叶面积大，产量高，品质好。但产量和质量之间成负相关。要求叶幕层通风透光好，无密集遮阴的“寄生叶”。据日本经验，每生产巨峰浆果 1 千克，必须有 0.8～1.5 米^2 叶面积才能使浆果糖分达 17 度。用上述方法可以算出，在每 1 000 米^2 架面上有 1 500～2 000 米^2 的叶面积，能生产出含 17 度糖的巨峰 1 800～2 500 千克，即折算出每 667 米^2 土地上能生产出 1 180～1 650 千克果实。如用结果枝留穗方法，即生长势强的结果枝留 2 个花序，中庸枝留 1 个花序，生长势偏弱的枝不留花序，这样平均每平方米架面上留 5～7 个果穗较适宜。

葡萄果穗稀粒时，要根据品种特性和市场要求来进行，一般将过小、过大及畸形果粒稀掉，留下本品种标准的果粒。对自然果粒平均重 6 克的品种，每穗留 60～65 粒；平均粒重 7 克的品种，每穗留 55 粒左右；平均粒重 8 克的品种，每穗留 45 粒；平均粒重 9 克的品种，每穗留 35～40 粒为宜。经过疏果粒工序，保证平均穗重 500 克，果粒大小均匀，整齐美观，商品价值高，经济效益较好。

4. 花前及花期喷硼肥，促进坐果

硼是天然矿物质，为植物生长发育所需的微量元素之一。它是葡萄树体组成的重要成分，在花器官中含量最多。硼能促进碳水化合物运转，刺激花粉发芽和花粉管伸长，有利于授粉受精过程顺利进行和浆果的形成，从而提高坐果率等。硼还能提高果实中维生素和糖的含量，改善品质；提高光合作用的强度，增加叶绿素含量，促进新梢韧皮部和木质部生长，增多导管数目，加速枝条成熟。因此，于花前 10 天左右和开花期，向叶面喷施浓度为 0.2%～0.3%的硼砂溶液，对提高坐果率效果明显。

5. 改进花果期肥水的管理

肥水是葡萄抽枝、开花、结果的主要物质基础。在生产上，必

须根据葡萄生长发育的物候期进行肥水管理。除了葡萄栽植时对土壤深耕、施肥和改土外，在每个生长阶段也要按葡萄生长发育需要进行施肥和灌水。在葡萄出土后发芽前，要追施速效肥料，如尿素和腐熟人粪尿，进行灌水催芽。在新梢枝叶生长期，要追施氮、磷、钾复合肥，灌水，促进枝条生长。在花前 10 天左右及花期，要追施催花坐果肥，第一次叶面追施硼肥和磷酸二氢钾，第二次在喷多菌灵防治黑痘病、灰霉病和穗轴褐枯病时，加硼肥和磷酸二氢钾。在自然生理落果后进入果粒膨大期，需要肥水量较多，应根施腐熟人粪尿，叶面结合防病喷药混加磷酸二氢钾速效肥，根部结合进行灌水。在果实着色期防治白腐病、霜霉病和白粉病，喷甲基硫菌灵时，混加尿素及磷酸二氢钾。在此期间，葡萄需水较多，北方应注意灌水。在生长期要进行叶面追肥，是见效快、流失少、省工、省肥的好方法。一般叶面喷肥后 3～5 天，新梢和叶片就能变成浓绿色，提高光合效率。根外追肥的使用浓度，尿素为 0.2%～0.3%，过磷酸钙浸出液为 1%～3%，磷酸二氢钾和硫酸钾为 0.3%～0.5%，硼砂、硫酸锌、硫酸镁和硫酸锰等为 0.1%～0.3%。上述肥料除过磷酸钙外，都可与波尔多液混合喷施。

6. 喷施赤霉素膨大果粒和进行无核处理

在葡萄生产上，喷施赤霉素可使鲜食葡萄无核品种的果实膨大，使有核品种无核化。现在国内外应用最多的方法是，第一次在花前使用赤霉素，第二次在花后用赤霉素混加细胞分裂素，处理效果较好。

(1)无核葡萄品种的大粒化处理 因无核品种果粒普遍较小，生产上多用赤霉素等植物生长调节剂处理果穗，使果粒增大。美国自 1961 年以来，对无核白葡萄用赤霉素处理的面积已达 1.6 万公顷。其方法是在葡萄盛花期，用 10～20 毫克/千克赤霉素溶液喷施或浸蘸果穗，起到疏花和延长果穗轴的作用；隔 10～14 天，第二次喷赤霉素，浓度为20～40毫克/千克，可使果粒增大100%～178%。我国新疆、辽宁、浙江和河北等地，对无核白鸡心、无核早红和无核白等无核品种，都在探索果粒膨大技术，已经取得了许多经验和教训。用赤霉素处理葡萄应注意以下几个方面：一是应用浓度要准确无误。如果偏高，会使葡萄穗轴变硬变脆，采收或运输时易折断和落粒。二是处理后，果实的成熟期可提早5～7天。如果处理不当，果实则延迟成熟，并且品质下降。三是处理时，以晴天上午较好。气温较高时，用浓度的下限标准。气温偏低时，则用浓度的上限标准为宜。四是应用赤霉素，因地区、品种、使用时期及方法不同，效果差异很大，甚至同一品种不同生长势的植株，效果也不相同。因此，应用时要根据说明书进行操作，并且还要先做试验，寻求最佳的浓度、时期和方法。赤霉素的应用方法可参考表6-6。

表6-6 赤霉素在不同葡萄品种上的应用方法

品　种	处理方法	处理时间及浓度	处理目的
无核白鸡心	用微型喷雾器喷花序或用溶液浸蘸花序	花前3～4天用10～20毫克/千克；盛花后10天左右用25～40毫克/千克	增大果粒
无核早红	同　上	花前3～4天用10～15毫克/千克；盛花后10～15天用25毫克/千克	增大果粒，提高无核率
巨　峰	同　上	花前4～5天用10～25毫克/千克；盛花后12～15天用20～25毫克/千克	防止落果，增大果粒
87-1	同　上	盛花后12～15天用25～50毫克/千克	增大果粒

(2)有核葡萄品种的无核化和大粒化处理　葡萄生产上，都在

探索有核品种的无核化技术，因为无核、大粒的葡萄果品很受消费者欢迎。日本利用赤霉素处理，使有核品种玫瑰露诱导无核，获得成功。从1958年开始，至20世纪80年代，其应用面积已达上万公顷，至今仍在大面积应用。其方法是，第一次处理的时间是在花前2～5天，用10～25毫克/千克溶液浸蘸花序，使其无核。第二次处理是在盛花后10～15天，再用20毫克/千克溶液浸蘸果穗，增大果粒。用此方法处理巨峰和先锋品种，均能收到良好的效果。

我国目前的葡萄生产上，前期用赤霉素处理巨峰系品种的花序，诱导无核，后期用赤霉素和细胞分裂素处理果穗，增大果粒，效果好于单用赤霉素。其使果粒无核和增大的机制主要是，应用赤霉素破坏胚的形成，使其败育，不能形成种子而导致无核；再用细胞分裂素促进细胞分裂次数增加和细胞体积增大。因为葡萄果粒细胞的分裂次数多少和细胞体积大小，与果粒大小呈正相关。葡萄在开花前，雌细胞分裂约有17次之多，而在花后仅有1～2次分裂。幼果细胞体积的大小与细胞溶液含量呈正相关。所以，在花前10～15天追施速效磷、钾肥和硼肥，以及有关植物生长调节剂，对提高坐果和果粒膨大有直接的促进作用。

7. 控制产量，调节营养

各地的葡萄生产园要根据土壤肥力、气候特点、品种特性和管理技术水平，控制单位面积产量，实行计划生产。我国现在对鲜食葡萄品种，一般要求每667米^{2}果园产量控制在1 500千克左右，酿酒、制汁品种应控制在1 300～1 500千克为宜。据笔者调查，凡是按上述指标控制产量和肥水管理水平较好的葡萄园，不但当年浆果品质优良，秋后枝条充实成熟，花芽分化较好，并且树体健壮，为翌年开花、结果积累了充足的营养。因此，在葡萄生产上，应尽量将多余的花序、果穗和果粒疏掉，以节省营养供给留下的果穗和果粒，使其优质丰产。如巨峰品种，生产上每667米^{2}定产为1 500

千克，以果穗平均重 400 克计算，需要留花序 4 000～5 000 个。再按栽植株数平均分配到每株树或每平方米架面上，确定应留的花序数和所承担的产量，以便于田间实际操作。如在篱（立）架每平方米架面上留 12～14 个结果母枝，每个结果母枝留 2 个新梢，其中 1 个结果枝留 1 穗果。在棚架每平方米架面上留 8～12 个结果母枝，一般每个结果母枝留 2 个新梢，其中一个是结果枝，留 1～2 穗果，就完成标准的产量。

8. 调节叶幕，增加光照

葡萄叶幕层由枝蔓、新梢、副梢及叶片组成。叶幕结构合理，通风透光，接受光照好，光合产物多，有利于提高葡萄的品质和产量，促进当年枝条充实和花芽分化。光照是葡萄生命中的主要能源。葡萄生产上的抹芽、疏枝、新梢引绑和摘心，以及副梢处理等项作业，都是为了调整架面叶幕层，使之通风透光良好。在葡萄生产季节，检查架面上叶幕层结构是否合理时，主要依靠目测，观察架下日光花影的大小及分布情况。在果实膨大期，架下有直径 10 厘米左右的花影，并分布均匀，说明架上叶幕结构组成较为合理。如日光花影过多或过大时，反映架上叶面积少，叶的数量不足，应适当增加副梢叶片；如架下日光花影过小、过少，或无花影，则说明架上叶片过多、过厚，应及时通过摘除老叶及回缩或疏除副梢的方法，调整叶幕结构，使之通风透光，增加光合效率，以促进果实着色，增加糖度，并减少病虫害的发生，从而提高葡萄浆果的品质和产量，增加经济效益。

9. 进行环剥，促花保果

通过环剥阻止枝条或树干上部的营养向下输送，增加环剥口以上的同化养分和植物内源激素的积累，加强其上部的器官，特别是花序和果穗果粒的营养，达到促进坐果、增大果粒、增加含糖量和提高成熟的效果，并减缓环剥枝蔓的生长。

(1)环剥的目的和时期 为了促进坐果，要在初花期进行环剥。环剥可以使剥口以上的树体增强营养，促进授粉受精坐果，减少落花落果，从而提高穗重，增大果粒和产量。为了增大果粒，要在自然落果后进行环剥，使果粒细胞迅速分裂，增大果粒。在这方面，无核品种要比有核品种效果明显。为了使果实提高糖分和提早成熟，在果实着色初期进行环剥为宜。

(2)环剥部位和宽度 葡萄环剥在主干、主蔓和结果母枝上进行，效果均好。在主干、主蔓上环剥，以5～8年生、生长势过旺、不易坐果的品种为好，特别是无核白鸡心、克瑞森无核和黑奇无核等品种，环剥效果较好。对生长势旺的红地球、美人指和香红等品种，环剥效果也很好。环剥的刀口宽度，一般要求在主干、主蔓上以3～4毫米为宜，在结果母枝上以2～3毫米较好，并且要求刀口垂直立茬、光滑，深达木质部，但又不伤及木质部为宜。剥后将皮拿掉，立刻用新鲜有弹性的白色塑料薄膜(地膜)将剥口包严扎紧，防止蚂蚁、粉蚧等害虫、病菌侵入。

(3)环剥的注意事项 一是选择生长势强的树或枝进行环剥，弱树、弱枝不宜环剥。二是环剥的刀口不宜过宽，一定要按上述要求的刀口宽度进行环剥。三是环剥刀口深度要达木质部，但又不要伤害木质部，以免影响外层木质部的营养、水分的输导作用。四是环剥的植株坐果后，要适当增加肥水，适量疏果，防止树势减弱。五是环剥刀要求双刃，锋利，环剥速度要快。这样效果才好。六是环剥技术不能连年应用，对旺树也要隔年进行。

10. 果穗套袋，改善外观

葡萄果穗套袋是提高葡萄果实外观及品质，保护果粉完整，防止农药污染，减少病虫危害，生产绿色无公害果品的重要措施之一。

(1)葡萄果穗套袋的作用 一是果穗套袋后使果实着色均匀，

果粉保持完整，着色品种色泽更加艳丽美观。二是果实套袋后可减少药剂的污染，降低农药残留，以及防止病、虫、鸟对果实的危害。三是套袋后无病虫侵害的果实，能延长货架期及贮存时间。

(2)纸袋的选择 葡萄专用袋的纸张应具有较大的强度，不易破碎，耐风吹雨淋，并有较好的透气性和透光性，能避免袋内温湿度过高。纸袋最好有一定的杀虫、杀菌作用。不要使用未经国家注册的纸袋。果袋选择还要按当地日照强度及品种的果实颜色进行。红色和紫黑色品种，如红地球、巨峰和美人指等品种，宜选用黄褐色或灰白色的羊皮纸袋；而黄绿色的品种对纸袋颜色要求不严，一般纸袋均可。

(3)套袋时期及方法 葡萄套袋的时间，一般在开花后20天左右，即生理落果后，果粒似黄豆粒大小，第一次疏果后进行。在辽宁西部地区，一般在6月下旬至7月上旬套袋。套袋前，对大果粒的品种还要进行第二次疏果，将小果、畸形果及过密的果粒疏掉，并细致喷布1～2次杀菌剂，生产上，多喷施50%多菌灵可湿性粉剂800～1000倍液，或70%甲基硫菌灵可湿性粉剂700～800倍液，待药液干后及时套袋。先将纸袋口撑开，然后小心地将果穗轻轻的装入袋中，并将袋口捏在穗轴或结果枝上，用细铁丝扎紧即可。对容易日灼的品种，如红地球和美人指等品种，套袋后要在袋上再遮上一张旧报纸。这样，能有效地防止果实发生日灼。

(4)摘袋的时间与方法 根据品种及地区情况确定摘袋时间。对黄色、白色和容易着色的品种，如无核白鸡心、维多利亚、奥古斯特和巨峰等，在采收前3～5天摘袋较好。红色品种如红地球和里扎马特等，在果实采收前10天左右摘袋。在果实着色至成熟期昼夜温差较大的西北地区，可延迟摘袋时间或不摘袋，防止着色过度，红色变成紫红色或紫黑色，降低商品价值。在昼夜温差较小的地区，可适当提前摘袋，防止摘袋过晚果实着色不良。在辽宁西部地区，红地球、美人指和香红等品种的最佳摘袋时间是9月中旬。

摘袋前5～7天，先将纸袋底部打开，对果实进行锻炼，然后再将袋全部摘除，果实着色较好。

11. 休眠期越冬防寒

葡萄的越冬耐寒力与葡萄种类有关。实践证明，同一品种在防寒前适当控制灌水，增施磷、钾肥和经过越冬前锻炼，使葡萄进入深休眠状态，其耐寒力较一般管理的明显提高，在同样的防寒措施下，翌年春季枝条萌芽要早2～3天。将葡萄枝条切片放在显微镜下观察，凡是经过抗寒锻炼、适当晚埋土的枝条，胞间连丝断裂的细胞数目较多，翌年其枝条芽眼萌发较早，萌芽率高，表现出抗寒力增强。反之，抗寒力和休眠深度均表现较低。

(1)葡萄各部分器官的耐寒力

①葡萄根部的耐寒力　葡萄根部的耐寒力最弱，因为根部冬季不完全休眠，而有轻微活动，所以根系最容易受冻。在生产中，根部经常发生不同程度的冻害。如乳白色的正常根变成黄褐色时，说明发生了轻微的冻害。这种根早春吸收水分慢，发芽晚。如根变成黑褐色时，其冻害严重，难以恢复生长。

葡萄自根树(插条苗)的耐寒力，由于种群及品种不同，其根系的耐寒力差异很大。生产上栽培的欧亚种葡萄自根树的根系，冬季只能忍耐－5℃的低温，在－5.5℃时，就发生轻微冻害，影响翌年萌芽和生长，如玫瑰香、龙眼、红地球等品种；美洲种品种自根树的根系能耐－7℃的低温，如康可和香槟等品种；欧美杂交种自根树的根系能耐－6℃～－7℃的低温，如巨峰和藤稔等品种的根系能耐－6.7℃，康拜尔早生的根系能耐－7℃的低温。耐寒砧木品种贝达的根系，耐寒力为－11℃～－12.6℃。山葡萄与玫瑰香杂交的公酿2号与山葡萄近缘，其根系耐寒力为－10℃，能在吉林省公主岭地区露地越冬。玫瑰香与山葡萄的杂交后代北醇自根树的根系能耐受－9.3℃的低温。山葡萄与河岸葡萄的杂交后代山河

1,山河 2,山河 3,山河 4 号砧木的根系,能耐－13.9℃的低温。山葡萄的根系耐寒力最强,能在－15.5℃的低温下存活。所以,建立葡萄园时,各地要因地制宜地选择栽培品种和砧木。只有这样,才能达到较高的经济效益。

②葡萄枝、芽和果的耐寒力　葡萄在越冬埋土前经受适当的低温锻炼,能提高抗寒能力。欧亚种的一些品种经过锻炼的休眠枝和芽,能耐受－16℃～－18℃的低温,如玫瑰香和龙眼等品种;美洲品种的枝和芽经过锻炼后,能够耐受－20℃～－22℃的低温,如康可和香槟等品种;欧美杂交种的枝和芽经过锻炼后能耐受－18℃～－20℃的低温,如巨峰、藤稔、香红和巨玫瑰等品种。但已萌动的枝和芽,则只能耐受－3℃～－4℃的低温;嫩梢和幼叶在－1℃,花序在 0℃时,都会发生冻害。在秋季,更应注意早霜对成熟果实的冻害。一般由于采收过晚,气温突然下降到－3℃～－5℃ 时,葡萄的枝、芽和果实都要发生冻害。因此,成熟的果实要适时采收,如来不及采收,采用熏烟的方法防止霜冻,效果较好。

(2)葡萄越冬防寒技术　葡萄休眠期的耐寒力有一定的限度,利用抗寒砧木和经过抗寒锻炼,其耐寒能力会得到一定的提高,但超过其耐寒力的极限也会发生不同程度的冻害。为了防止葡萄在冬季发生冻害,我国以年绝对低温平均值－15℃为基准线,在－15℃ 以北地区栽培葡萄,冬季必须下架埋土防寒,才能安全越冬;在－12℃～－14℃的地区,虽然冬季不用下架防寒,但秋季需要增加磷、钾肥,并控制水分,促进枝蔓充实成熟。尤其是冬季空气干燥、风沙大的地区,冬春季节会有部分枝蔓发生抽干现象,可以在 2～3 月份,给枝蔓上喷布 1～2 次果树防抽剂,对防止枝条抽干的效果较好。我国中北部主要葡萄产区的年平均低温的极端值如表 6-7 所示。

表 6-7 我国中北部主要葡萄产区年极端最低气温

地区		纬度(北纬)	极端最低气温(℃)
河南	郑州	34°43′	−12.2
安徽	萧县	34°4′	−14.6
山东	青岛	36°11′	−15.5
	烟台	37°32′	−15.0
	济南	36°41′	−19.7
	平度	36°47′	−18.0
北京		39°57′	−27.4
河北	昌黎	39°41′	−24.6
	石家庄	37°58′	−16.2
	承德	40°8′	−22.9
辽宁	大连	38°54′	−20.0
	兴城	40°37′	−27.6
	沈阳	41°17′	−32.9
山西	清徐	37°60′	−18.5
	太谷	37°20′	−18.0
吉林	公主岭	43°50′	−34.5
	长春	43°80′	−36.5
黑龙江	哈尔滨	45°45′	−38.1
甘肃	兰州	36°1′	−21.7
宁夏	银川	38°5′	−30.6
新疆	吐鲁番	42°58′	−28.3
	和田	37°7′	−20.5
内蒙古	乌海	39°5′	−21.5
西藏	拉萨	29°5′	−16.5

①防寒的时间　各地根据气温和栽培的葡萄品种来确定防寒时间。一般在年最低气温－15℃线以北地区，冬季都要埋土防寒。各地在出现早霜、葡萄叶片受霜打枯萎时，夜间温度已出现冰点，而白天气温仍然较高。这时，对1～3龄的幼树要及时下架，晚上在枝蔓上临时覆一层薄膜或编织的麻丝袋等物，防止芽眼受冻，白天还可以增温，促进幼树枝芽充实成熟。经过4～5天的锻炼，提高抗寒力后，再埋土防寒。尤其是低洼、沟谷地带的葡萄园，夜间易积聚冷空气，温度较低，极易发生冻害，晚上更要采取临时覆盖措施，使葡萄树经低温锻炼后再进行埋土防寒。如辽宁西部地区，一般11月上中旬葡萄开始下架，这样葡萄得到充分锻炼，提高抗寒能力。但埋土防寒时间也不能过晚，否则易造成冻害。总之，葡萄防寒的各项作业，如垫枕、下架、捆蔓、覆防寒物和埋土等，都要根据当地的天气及人力、物力，区别轻重缓急，有计划地进行。

②防寒的方法　葡萄防寒方法很多。有的在根的上部将枝蔓压埋住，即地上埋土防寒法；有的在棚架下顺着每株枝蔓爬的方向，挖深30厘米、宽40厘米沟，将枝蔓捆好放在沟内，在枝蔓上覆盖10厘米左右的秸秆，再盖上20厘米厚的土，称沟埋防寒法。在我国北部地区，多采用地上埋土防寒方法，这种方法比较省工、省料，防寒效果也较好。在田鼠较多的地区，要做好防鼠工作。在埋土前捕杀1次，并在葡萄枝蔓附近投放杀鼠药，以防葡萄枝蔓被田鼠啃伤。埋土防寒分3个步骤。第一步是在修剪和清扫枯枝落叶后，于葡萄根干基部垫上土枕，防止埋土时将枝蔓压断。第二步是将葡萄枝蔓顺行向依次下架，一株压一株的理顺、捆好，平放于树盘上固定，然后覆盖上20厘米厚的保温物(如玉米秸秆、树叶、稻草、麦秸或1～2层麻丝袋等)后，再重点用土埋压。第三步是在土壤开始结冻时，全面进行埋土。取土地点要求距离葡萄根干1.2～1.5米以外，以保护沟侧根系不受冻害。埋防寒土的厚度及宽度，要根据当地历年最大冻土厚度和地表下－5℃的土层深度来

确定。以地表下－5℃的土层深度为防寒埋土的厚度，以当地最深的冻土厚度的1.8～2倍为埋土防寒的宽度，葡萄都能安全越冬。如辽宁的锦州和兴城地区，历年冬季冻土厚度为1米左右，地表下－5℃的土层厚度为0.3米左右。所以，在锦州、兴城地区，葡萄防寒埋土厚度为0.3米，宽度为1.8～2米，葡萄就能安全越冬（图6-3）。如利用抗寒砧木嫁接苗建园，防寒土堆的厚度及宽度，可相应地减少1/3左右。

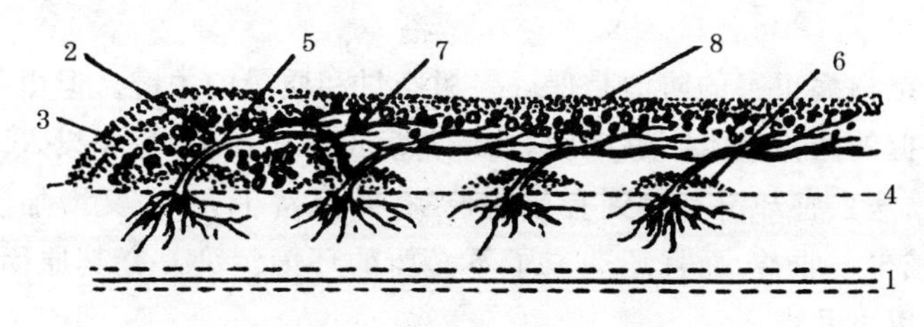

图6-3　葡萄冬季埋土防寒

1. 防寒取土位置　2. 一层防寒物　3. 第一次埋土
4. 地平线　5. 葡萄根干　6. 垫葡萄枕和围脖土
7. 葡萄蔓　8. 第二次防寒土

③葡萄防寒的注意事项　一是清洁园地。葡萄修剪后，要将枯枝和病叶彻底清扫干净，并集中烧毁。二是防寒用土要求。土块不宜过大，要边埋边打碎、拍实，防止裂纹透风。三是挖取防寒土的位置。一定要在距离葡萄根干1.2～1.5米以外挖沟取土，以防止沟侧面根系受冻，并要求在当地结冻时，将取土沟灌满封冰水，以提高防寒土堆里的防寒效果。四是冬季加强管理。冬季要经常检查防寒土堆，发现有裂缝时，马上用碎土埋好、封严，防止枝蔓受冻。

12. 果实病虫害防治

果实病虫害的防治是果实管理中非常重要的环节。具体的防治对象及方法，参见本书葡萄病虫害防治中的相关内容。

七、葡萄病虫害防治

(一)葡萄病虫害防治中存在的问题

果树病虫害的防治是保证果树产量和质量的关键。但由于果农掌握的防治技术不够准确,在果树病虫害防治中,每年投入大量农药,病虫害却没有得到有效的控制,既浪费了人力,又增加了成本,减少了收益,而且还造成了不必要的环境污染。究其原因,主要有以下几点。

1. 缺乏预测预报技术

由于缺乏预测预报技术,不能掌握病虫害的发生规律,仅凭感觉施药,因而很难有效地控制病虫害。病虫害防治重在预防,重在病虫发生前、发生初采取相应的防治措施。但由于缺乏对病虫害发生规律的了解,抓不住从采收后到发芽前的有利时机,更没有认真清除病枝(叶)、杂草,错过了从源头上控制、消灭病虫的大好时机。人们往往在病虫盛发前不注意,总是等到病虫暴发成灾,已造成了明显的危害,才展开防治。由于错过了最佳防治时期,使病虫危害难以控制,增加了防治难度。

2. 不能对症用药

各种农药都有一定的防治对象,每种防治对象对不同农药、对同种农药的不同剂型也均有不同的反应。这就要求根据病虫发生种类、形态特征、栖息及危害特点、抗性特征等,选用适宜的农药品种和剂型,采用相应的施药方法进行防治。可人们往往是家里有什么药就用什么药;别人用什么药,自己就选什么药;什么药毒性大,就用什么药。在用药中还爱乱混药,防病时施药都带杀虫剂,治虫时施药都带杀菌剂,并且多种杀菌杀虫剂混喷。这样,既不能控制虫害的发生,增加了生产成本,还杀伤了害虫的天敌,又不利于树体生长发育。

3. 忽视综合防治

有的果农不重视病虫害综合防治措施的应用,只相信化学防治,轻视综合治理。认为化学防治速度快,效果好,能"立竿见影"。实际上,其他措施若运用得当,也同样非常有效。但人们为了片面追求防治效果,不论是什么病虫,还是什么时期、什么作物,往往都是首选高毒甚至剧毒农药,并且采用尽可能大的浓度和剂量来施用,结果导致植株产生药害,农药残留超标,环境污染严重等现象的发生,对人类的安全也造成严重的威胁。

(二)提高病虫害防治效益的方法

1. 综合防治是最有效的对策

对葡萄有害生物的防治,主要是利用植物检疫措施、农业栽培措施、抗病葡萄品种、生物防治技术、物理防治技术和化学防治技术等措施,进行综合防治,控制有害生物种群的数量,或阻止其危害。各项技术措施在实践中均有一定的优、缺点,很难利用某一种技术控制面广量大、适应性很强的有害生物。因而,加强病虫害的预测预报,按经济阈值标准决定防治时机和防治手段。在未达到防治指标或益虫与害虫比例合理的情况下,不使用农药。施治时,要根据天敌的发生特点,合理选择农药种类、施用时间和施用方法，以便有效地保护天敌。要严格按照规定的浓度、每年使用次数和安全间隔期要求使用农药，施药要均匀周到，防止产生药害和有毒物质残留。不同作用机制的农药要交替使用和合理混用，以延缓病菌和害虫产生抗药性，提高防治效果。

采用多种技术措施的协调应用，在获取最佳经济效益、生态效益和社会效益思想的指导下，采用“预测预报＋防治适期＋控制技术”的控制方针，实施对有害生物的综合治理，是目前有害生物最有效的防治对策。现将主要病虫害的关键防治技术介绍如下。

2. 主要病害及其防治

(1)葡萄霜霉病　葡萄霜霉病在全国葡萄产区普遍发生，是除新疆外的各葡萄产区的主要病害，在潮湿多雨、气候冷凉的地区，葡萄生长中后期发病严重。

①危害症状　病菌侵染幼嫩叶片，最初呈现油渍状淡黄色小斑点，对光呈半透明状，边缘不明显，后扩大为黄褐色、多角形病斑，病斑背面产生一层白色霉状物，即病原菌的孢囊梗及孢子囊，后期病斑变成黄褐色，引起焦叶及早落。嫩梢、花梗、叶柄发病后，油渍状病斑很快变成黄褐色凹陷状，潮湿时病部也产生稀少的白色霉层，病梢停止生长、扭曲，甚至枯死。幼果感病时，最初果面变成灰绿色，上面布满白色霉层，后期病果呈褐色并干枯脱落。较大的果粒感病时，呈现红褐色斑，后果粒僵化裂开。果实着色后不再感病。

②发病规律　葡萄霜霉病病菌以卵孢子在病组织中越冬，或随病叶残留于土壤中越冬，在春季温度达 11℃时，卵孢子萌发形成孢子囊，再由孢子囊产生游动孢子，借风雨传播进行初侵染。病菌在感病品种潜育期只有 4～13 天，显症后病部产生的游动孢子进行再侵染。当气温为 22℃～24℃时，多湿地区、植株过密、结果位在 40 厘米以下，通风透光不良较易发病。

③防治方法 一是选用抗病品种栽培。如矢富罗莎、金星无核、香悦、吉丰18号、巨峰、先锋、玫瑰露、黑奥林、康拜尔、高尾、北醇、梅鹿辄和黑皮诺等抗病最好，其次有白香蕉、玫瑰香、新美露和甲斐路等。抗病较差的有红地球、瑞必尔、美人指、绯红和大宝等。二是加强栽培管理。在春季彻底清园，剪除病弱枝梢，清扫枯枝落叶，并集中深埋或烧毁。葡萄生长季节架面枝梢要分布均匀，及时摘心、绑蔓，保持通风透光，并要及时中耕除草，适当增加磷、钾肥，少施氮肥，及时排水，促使植株健壮。三是药剂防治。春季末发病前可适当喷1∶0.5～0.7∶200波尔多液，或78%波尔·锰锌可湿性粉剂500～600倍液，或80%代森锰锌可湿性粉剂600～800倍液等保护性药剂。在葡萄霜霉病发生时喷250克/升嘧菌酯悬浮剂1000～1500倍液，或50%烯酰吗啉可湿性粉剂1000～1500倍液，或66.8%丙森·缬霉威可湿性粉剂600～1000倍液，或10%苯醚菌酯水悬浮剂1000～1500倍液，或72%霜脲·锰锌可湿性粉剂700～800倍液，或50%氟吗·乙铝可湿性粉剂500～800倍液，或68.75%噁唑·锰锌可湿性粉剂800～1200倍液，或90%乙磷铝可湿性粉剂600～700倍液，以上药剂喷药时应按药剂稀释倍数使用，保证喷药均匀、周到，并且药剂交替使用，每种药在单个生长季使用最多不超过2次，以免产生抗药性。

(2)葡萄白腐病 葡萄白腐病是全国葡萄产区的主要病害之一。在华北、东北、西北发病较普遍。

①危害症状 葡萄白腐病主要危害果实、穗轴，也危害枝蔓和叶片。果实发病时，病菌主要从小果梗或穗轴侵入，病斑初呈水渍状、淡褐色、边缘不明显的斑点，然后病斑扩展至果柄和整个果粒，受害果粒腐烂后，上面着生灰白色的小粒点，为病原菌的分生孢子器。最后病果皱缩、干枯成有明显棱角的僵果，挂在树上不脱落。无论病果、病蔓都有一种特殊的霉烂味，这是该病最大的特点之一。叶片受害，多在叶缘或破伤部位发生，病斑初呈水渍状、浅褐

色圆形或不规则形，逐渐向叶片中部蔓延，并形成深浅不同的轮纹，病组织枯死后易破裂。天气潮湿时，也形成分生孢子器，以叶脉两侧较多。

②发病规律　病菌以分生孢子器及菌丝体在病组织中越冬，可存活 2～5 年，越冬的病残体是翌年初侵染的主要来源，分生孢子借风雨、昆虫传播，由伤口、皮孔侵入，在 24℃～27℃潜育 3～5 天，多在 6 月中至 7 月份果实着色期开始发病，几天后病斑上产生大量分生孢子进行多次再侵染，在高温高湿季节该病容易流行发生。

③防治方法　一是选用抗病性较强的品种。如玫瑰香、纽约玫瑰、意大利、保尔加果、葡萄园皇后、底拉洼及白羽、黑多内、法国兰、白雅、意斯林等。二是清洁田园，在秋季修剪后对病枝、病叶、病果、老树皮都要彻底铲除，集中烧毁或深埋。三是加强栽培管理，及时剪摘心、绑蔓，剪除过密的枝叶和中耕除草，并要提高结果部位，使之通风透光，适量多施有机肥及磷、钾肥，以增强树体抵抗力。提倡地面覆膜，提高地上温度，防止土壤里的病菌向树上传播。四是药剂防治。在发病前地面上要撒药灭菌，如福美双∶硫磺粉∶碳酸钙＝1∶1∶2，混匀后每 667 米^2 施入 1～2 千克，或喷洒 50％多菌灵可湿性粉剂 500 倍液。生长季可在 7 月中下旬发病前开始施用 80％代森锰锌可湿性粉剂 600～800 倍液，或 50％福美双可湿性粉剂 500 倍液，或 400 克/升氟硅唑微乳剂 8 000 倍液，或 10％苯醚甲环唑水分散粒剂 1 000～1 500 倍液等药剂，各药剂交替使用。

(3) 葡萄黑痘病　葡萄黑痘病又称葡萄疮痂病，在渤海湾和黄河流域产区地势低洼和雨量偏多地区发病严重。

①危害症状　葡萄黑痘病主要危害叶片、叶柄、花穗、穗轴、新梢和卷须等幼嫩组织，叶片受害后，产生多个褐色或深褐色圆形斑点，病斑周围有黄色晕圈，扩大后中央呈灰褐色，边缘色深，病斑直

径1～4毫米，气候干燥时病斑常形成穿孔。花穗受害时，在花蕾上出现浅褐色小病斑，逐渐变黑枯死。穗轴和小穗受侵染后，也变成褐色，发育不良，果粒干枯脱落或僵化。果粒受害，病斑中央凹陷，呈灰白色，边缘褐色至深褐色，形似鸟眼状，俗称"鸟眼病"，后期病斑硬化、龟裂、果小而味酸不能食用。新梢、卷须、枝蔓受害，初现圆形或不规则形的褐色小斑点，以后呈灰黑色，边缘深褐色或紫色，中央灰白色，病斑凹陷，后期停止生长萎蔫而枯死。

②*发病规律* 病菌主要以菌丝体在病蔓、病叶、病果及卷须等病残体上越冬，在病组织中可存活3～5年。在春季5～6月份温、湿度适宜时病菌产生分生孢子，借气流、雨水传播到葡萄幼嫩组织上，引起初侵染。当6～7月份，温度达24℃～26℃时病害大量发生，后期病部产生分生孢子进行多次再侵染。多雨、高湿有利于病害发展，干燥时病害发展缓慢，初秋多雨时，病害还可继续大量危害。

③*防治方法* 一是因地制宜，选用抗病品种。如选用着色香、黑奥林、龙宝、巨峰、白香蕉、巴柯、赛必尔2003及2007号、康可、先锋、水晶和金后等抗病性较强，中抗品种有葡萄园皇后、意大利、新玫瑰、玫瑰香、法兰西、佳里酿、吉姆沙、黑皮诺和贵人香等。二是清除菌源及药剂防治。在葡萄秋季修剪或夏季摘心、绑蔓时将病枝、病叶、病穗和病干皮都要集中烧毁或深埋。并在萌芽前喷3～5波美度石硫合剂清园。展叶后每隔15天喷1次1∶0.5∶200倍波尔多液，或80%代森锰锌可湿性粉剂600～800倍液，或80%波尔多可湿性粉剂300～400倍液，或78%波尔·锰锌可湿性粉剂500～600倍液预防病害发生。在黑痘病发病初期可使用50%咪鲜胺可湿性粉剂800～1 000倍液，或400克/升氟硅唑微乳剂8 000倍液，或250克/升嘧菌酯悬浮剂1 000～1 500倍液，或10%苯醚甲环唑水分散粒剂1 500～2 000倍液，或5%亚胺唑可湿性粉剂600～800倍液等，交替使用。

(4)葡萄白粉病 葡萄白粉病在全国各省区均有发生,是新疆产区、避雨栽培产区的主要病害,主要危害叶片、新梢和果实等部位,幼嫩组织最为敏感。

①危害症状 葡萄展叶期叶片受害后,正面开始产生大小不等不规则的黄色或退绿色小斑块,病斑正反面均可见有一层白色粉状物,这是病菌的菌丝体、分生孢子梗和分生孢子,有时产生小黑点,是孢子的闭囊壳,粉斑下叶表面呈褐色花斑,严重时全叶枯焦。新梢和果梗及穗轴初期表面产生不规则灰白色粉斑,后期粉斑下面形成雪花状或不规则的褐斑,可使穗轴、果梗变脆,枝梢生长受阻;幼果先出现褐绿斑块,果面出现星芒状花纹,其上覆盖一层白粉状物,病果停止生长,有时变成畸形,果肉味酸,开始着色后果实在多雨时感病,病处裂开,后腐烂。

②发病规律 病菌以菌丝体在受害组织或芽鳞内越冬,翌年春产生分生孢子,借风雨传播,孢子落到寄主表面后发芽,穿透表皮进行初侵染以后形成大量分生孢子,生长季节可进行多次再侵染,干旱的夏季和温暖而潮湿、闷热的天气有利于白粉病的大发生。在河北、辽宁、山东、河南等地,一般6月份开始发病,7月中下旬至8月上旬发病达盛期,9～10月份停止发病。

③防治方法 一是加强栽培管理。在发芽前铲除越冬菌源,及时摘心、绑蔓,并要适当提高结果部位、中耕除草,排除渍水,使之通风透光,减少病害发生。适量施肥,多施有机肥和磷、钾肥,少施氮肥。二是因地制宜,选用抗病品种。如新玫瑰、尼加拉、黑比诺、法国兰和贝达等较抗病。三是药剂防治。休眠期喷3～5波美度石硫合剂,铲除越冬菌源。当80%的冬芽进入2～3片叶时,喷施1次0.5波美度石硫合剂,或80%硫磺可湿性粉剂400～500倍液。在白粉病发病初期开始喷250克/升嘧菌酯悬浮剂1 000～1 500倍液,或25%三唑酮可湿性粉剂1 500～2 000倍液,或12.5%烯唑醇可湿性粉剂2 000倍液,或5%己唑醇悬浮剂

1 000～1 500 倍液，每 10 天喷 1 次药，连续喷 2～3 次。

(5)葡萄炭疽病 葡萄炭疽病又称晚腐病，在全国多数栽培地区均有分布，东北、华北、华东及南方雨多地区发病较多。

①危害症状 炭疽病是果实的主要病害，也能危害叶片、花穗和果梗、新梢、卷须等器官。病菌幼果期侵入，潜伏到果实转色或成熟期后，症状才显现出来，果实上初发病时可见圆形水渍状浅褐色斑点，以后逐渐扩大而呈圆形，并变成深褐色，感病处稍显凹陷，直径 8～15 毫米，并有许多黑色小粒点排列成圆心轮纹状，若空气湿度较高，小粒点上涌出粉红色孢子团，是识别该病害的重要特征。其周围偶尔遇见一些灰青色小粒点，此为该病有性态子囊壳。严重时果粒布满褐色病斑，引起果实腐烂。新梢、叶柄、果轴染病，形成长椭圆形深褐色病斑，影响果穗生长，致使果粒干缩。

②发病规律 病菌主要以菌丝体在枝蔓和架面上的病残体越冬。翌年在气温适宜(15℃以上)时，借雨水和昆虫传播。在气温达 20℃～30℃，葡萄已长芽展叶，幼穗分化和开花期，发生侵染，呈潜伏状态。当果实着色至果实成熟期，病害大流行，可多次重复侵染。在葡萄园地势低注、排水不良、架面低矮、枝叶过密、通风不良等病害侵染较重。

③防治方法 一是选用抗病葡萄品种。如康拜尔、早生、先锋、玫瑰露、黑潮和赛必尔 2003 等，中抗品种有意大利、巴米特、小红玫瑰、黑虎香、烟台紫等，吉香、吉丰 8 号、白玫瑰、牛奶、无核白鸡心、葡萄园皇后、玫瑰香和龙眼等较感病。二是清洁田园，彻底剪除病枝、病叶等病残体，烧毁或深埋。三是加强栽培管理。生长季及时摘心、绑蔓，使之通风透光，适量施肥，多施有机肥和磷、钾肥，少施氮肥，提高树体抗病能力，雨后排除渍水，降低果园湿度，减少病害发生，果实在幼果期套袋防病。四是药剂防治。在春季发芽前喷 3～5 波美度石硫合剂清园。在初花期第一次雨后，应马上喷 1 次 1：0.5：200 倍波尔多液，或 80%代森锰锌可湿性粉剂

600～800倍液，或80%波尔多可湿性粉剂300～400倍液，或78%波尔·锰锌可湿性粉剂500～600倍液预防病害发生。在炭疽病发病初期可使用50%咪鲜胺可湿性粉剂800～1 000倍液，或25%溴菌腈可湿性粉剂600～800倍液，或10%苯醚甲环唑水分散粒剂1 500～2 000倍液，或50%胂·锌·福美双可湿性粉剂500～1 000倍液。

(6)葡萄穗轴褐枯病 葡萄穗轴褐枯病近年在辽宁和山东发病较重，一般病穗率达30%～40%，减产30%以上。

①危害症状 穗轴褐枯病主要危害葡萄花穗的花梗、果穗的果梗和穗轴。穗轴、花梗受害，初为淡褐色水渍状病斑，扩展后渐渐变为深褐色、稍凹陷的病斑，湿度大时斑上可见褐色霉层。若小分枝穗轴发病，当病斑环绕一周时，其上面的花蕾或幼果也将萎缩、干枯、脱落。发生严重时，几乎全部花蕾或幼果落光。幼果受害，病斑呈黑褐色、圆形斑点，直径约0.2毫米，仅危害果皮，随果实增大，病斑结痂脱落，对生长影响不大。

②发病规律 病菌以分生孢子和菌丝体在母枝芽的鳞片及枝蔓表皮内、架材和土壤中越冬。翌年开花期分生孢子借风雨传播，侵入寄主组织，条件适宜时，可多次再侵染，至幼果期。一般葡萄园内地势低洼，湿度较高，架面郁闭，通风透光不良，发病较重。

③防治方法 一是选用抗病品种。如玫瑰香、玫瑰露、康拜尔和新玫瑰等较抗病，黑奥林、黑汉、白香蕉和龙眼品种抗病中等，巨峰、红富士等发病较重。二是加强果园管理。及时清除菌源，彻底剪除病枝、病叶等病残体，烧毁或深埋；并及时摘心、绑蔓和中耕除草，保持通风透光。三是药剂防治。葡萄出土后，冬芽鳞片松动时，喷3～5波美度石硫合剂铲除越冬菌源。根据预测预报，从葡萄开花前1周开始喷药，以后每隔7～10天喷1次药，连续喷3～4次。有效药剂有500克/升异菌脲悬浮剂1 000～1 500倍液，或10%多抗霉素可湿性粉剂1 000～1 500倍液，或430克/升戊唑醇

悬浮剂 4 000 倍液，或 10%苯醚甲环唑水分散粒剂 1 500～2 000 倍液。

3. 主要虫害及其防治

(1)葡萄透翅蛾

①*危害特点*　葡萄透翅蛾又叫透羽蛾。主要以幼虫蛀食 1 年生枝蔓，幼虫蛀入枝蔓后，被害部位膨大如肿瘤，内部形成较长的孔道，在蛀孔的周围有堆积的褐色虫粪，树体受害后造成营养输送受阻，叶片枯黄脱落，果实脱落，枝条枯死。

②*发生规律*　1 年发生 1 代，以老熟幼虫在葡萄枝蔓内越冬。翌年 4 月下旬化蛹，蛹期 5～15 天，6 月上旬至 7 月上旬羽化为成虫，成虫将卵产在叶腋、芽的缝隙、叶片及嫩梢上，卵期 7～10 天。刚孵化的幼虫，由新梢叶柄基部蛀入嫩茎内，危害髓部。幼虫蛀入后，在蛀口附近常堆有大量虫粪，在茎内形成长的孔道，使被害部上方的枝条枯死，被害部膨大，表皮变为紫红色。一般幼虫可转移危害 1～2 次。7～8 月份幼虫危害最重，9～10 月份幼虫老熟越冬(图 7-1)。

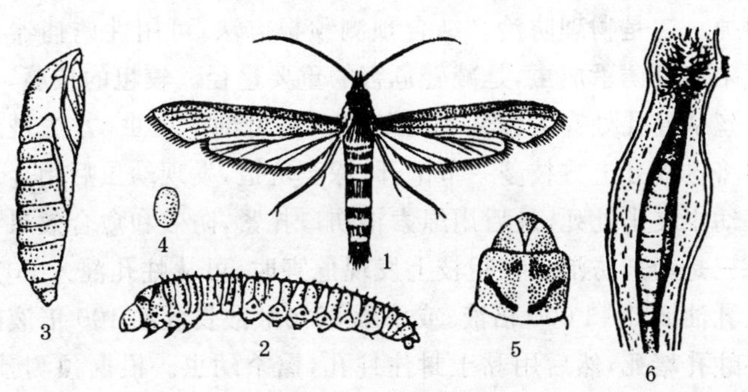

图 7-1　葡萄透翅蛾

1. 成虫　2. 幼虫　3. 蛹　4. 卵

5. 幼虫头部及前胸背　6. 幼虫危害状

③预测预报　一是性诱剂测报。诱捕剂采用涂干型，每个诱捕器上涂非干性黏胶20克，以天然橡皮塞为载体，每个诱芯含性诱剂400克，在成虫羽化前设置涂干诱芯，设置高度1.2～1.5米，每100米放1个，虫口密度大的可多设几个，成虫每日羽化多集中在上午8～12时，交尾多集中在下午1～3时，每日傍晚定时检查蛾量，记录诱蛾总数。二是趋光性测报。成虫羽化期挂诱虫灯诱杀成虫，以此掌握成虫发生的初、盛、末期，做到及时预报，指导用药防治。三是幼虫空间发生量预报。葡萄透翅蛾每20株累计虫数超过10头时，可发出预报进行防治，累计虫数少于10头时，可不进行防治。

④防治适期　根据预测预报，用性诱剂和灯诱测报蛾情，可在蛾出现高峰后数量锐减时顺延10～15天为施药最佳时机，根据当年气温情况和晴雨变化可酌情调整。也可在花谢后初孵幼虫蛀入嫩梢出现紫红斑时进行防治，可兼杀已孵幼虫和未孵的卵。

⑤防治方法　一是农业防治。结合冬剪，将被害膨大枝蔓剪掉烧毁，消灭越冬虫源。6～7月份经常检查嫩枝，发现被害枝及时剪掉。二是物理防治。结合预测预报方法，可用性诱捕器和频振式杀虫灯诱杀成虫，是减轻危害的重要途径。较粗的枝蔓，可以用铁丝从蛀孔处穿入髓部刺死幼虫。也可剖茎灭虫，方法是用解剖刀将排粪孔上方枝蔓一节剖开，深至坑道，发现幼虫后用金属镊子将幼虫夹出处死，最后用绳索将伤口扎紧，防效和愈合效果都很好。三是药剂防治。在粗枝上发现危害时，可从蛀孔灌入80%敌敌畏乳油800～1 000倍液，或用蘸80%敌敌畏乳油100倍液的棉球将蛀孔堵死，然后用黏土封住蛀孔，熏杀幼虫。根据预测预报，在防治适期，用25%灭幼脲3号悬浮剂2 000倍液，或20%杀铃脲悬浮剂1 000倍液，或50%杀螟硫磷乳油1 000倍液喷雾2～3次。

(2)葡萄虎蛾

①危害特点　葡萄虎蛾又叫葡萄修虎蛾、葡萄虎夜蛾、葡萄黏

虫、葡萄狗子、老虎虫、旋棒虫等。幼虫主要危害葡萄叶片，将叶片啃食成缺刻或孔洞，严重时仅残留粗脉或叶柄，有时还咬断幼穗穗轴和果梗(图 7-2)。

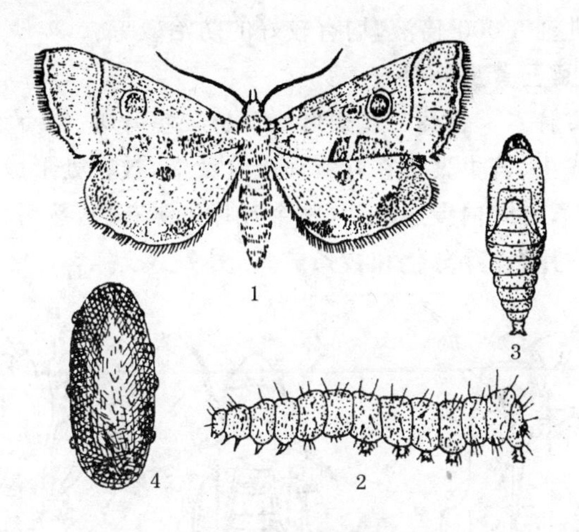

图 7-2　葡萄虎蛾

1. 成虫　2. 幼虫　3. 蛹　4. 茧

②*发生规律*　在辽宁、华北 1 年发生 2 代，以蛹在葡萄根部附近土内越冬。翌年 5 月中旬开始羽化为成虫。6 月中下旬幼虫发生，取食嫩叶。7 月上中旬化蛹，7 月下旬至 8 月中旬出现当年第一代成虫。8 月中旬至 9 月中旬为第二代幼虫危害期，9 月下旬以后幼虫老熟后入土化蛹越冬。幼虫具有白天静伏叶背的习性，受惊扰时常吐黄绿色黏液。成虫白天隐蔽在叶背或杂草丛内，夜间交尾产卵，有趋光性。

③*防治方法*　一是农业防治。消灭越冬蛹。在北方埋土防寒地区，于秋末和早春结合葡萄埋土和出土上架，拣拾越冬蛹进行消灭。二是物理防治。成虫发生期用诱虫灯诱杀，同时结合田间管理，进行人工捕杀幼虫。三是药剂防治。幼虫发生量大时，可喷

25%灭幼脲3号悬浮剂2000倍液，或20%杀铃脲悬浮剂1000倍液，或1.5%苏云金杆菌乳剂500倍液，或2.5%溴氰菊酯乳油2000～3000倍液，或10%高效氯氰菊酯乳油4000倍液，或50%马拉硫磷乳油1000倍液，均有较好的防治效果。

(3)葡萄二黄斑叶蝉

①危害特点　葡萄二黄斑叶蝉又称二星叶蝉、二点浮尘子、小叶蝉。以成虫、若虫聚集在叶背面吸食汁液，被害处形成针头大小的白色斑点，有时白点连成片，整个叶片失绿苍白，然后枯萎脱落，影响光合作用、花芽分化和枝条成熟（图7-3）。

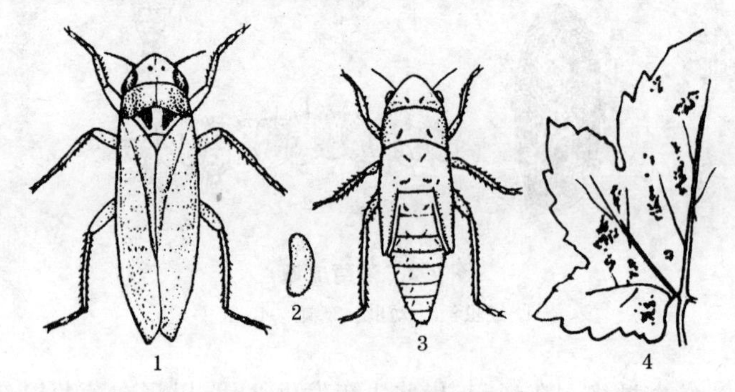

图7-3　葡萄斑叶蝉

1.成虫　2.卵　3.若虫　4.叶被害状

②发生规律　在山东1年发生3～4代，以成虫在杂草、枯叶等隐蔽处越冬。翌年3月份越冬成虫出蛰，先在园边发芽早的杂草及多种花卉上危害。4月下旬葡萄展叶后迁移到叶背危害。成虫将卵产在叶背叶脉的表皮下，5月中旬即有若虫出现，以后各代重叠。先从新梢基部的老叶开始，逐渐向上蔓延危害，不喜危害嫩叶。末代成虫9～10月份发生，一直危害至葡萄落叶，进入越冬场所隐蔽越冬。枝蔓过密、通风不良发生严重。

③防治适期　5月下旬第一代若虫发生期，7～9月份害虫大

发生期进行防治,效果均佳。

④*防治方法* 一是农业防治。秋后、春初彻底清扫园内落叶和杂草,集中烧毁,减少越冬虫源。二是物理防治。在园中悬挂黄板诱虫,人工摘除虫叶,于成虫产卵盛期,结合田间管理摘除中下部虫量较大的老叶,并带出园外,集中销毁或深埋。三是药剂防治。5 月下旬至 6 月中旬是若虫发生期,喷施 25%噻虫嗪水分散粒剂 5 000～10 000 倍液,或 50%杀螟硫磷乳油 1 000 倍液,或 2.5%吡虫啉可湿性粉剂 1 000～2 000 倍液,或 20%吡虫啉可溶剂 6 000～8 000 倍液,或 50%马拉硫磷乳油 1 500～2 000 倍液。

(4)葡萄蓟马

①*危害特点* 葡萄蓟马又称棉蓟马、葱蓟马、瓜蓟马。以成虫、若虫危害葡萄新梢、叶片和幼果。被害叶片呈水渍状失绿黄色小斑点。一般叶尖、叶缘受害最重。严重时新梢的延长受到抑制,叶片变小,卷曲成杯状或畸形,甚至干枯,有时还出现穿孔。被害幼果初期在果面形成小黑斑,随着幼果的增大而成为不同形状的木栓化褐色锈斑,影响果粒外观,降低商品价值,严重时会裂果(图 7-4)。

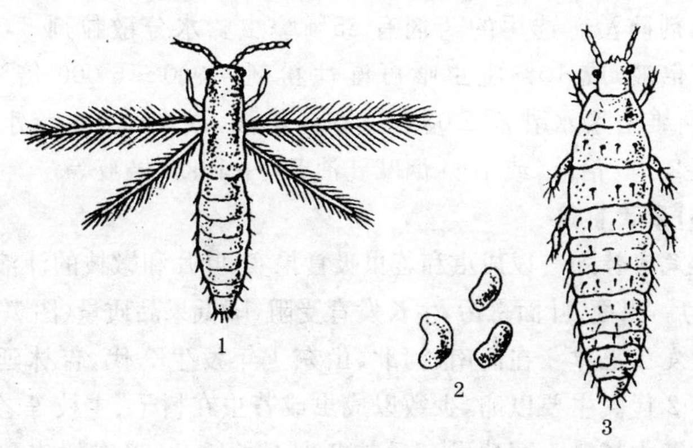

图 7-4 葡萄蓟马

1. 成虫 2. 卵 3. 若虫

②发生规律　在华北及辽宁1年发生3～4代，山东6～10代，华南地区20代以上。北方多以成虫在未收获的葱、蒜叶鞘或杂草残株上越冬。春季葱、蒜返青时恢复活动，危害一段时间便迁飞到杂草、作物及果树上危害繁殖。成虫活跃，能飞善跳，扩散传播很快，怕阳光，早晚或阴天在叶面上危害。蓟马多行孤雌生殖，很少见雄虫。卵多产在叶背皮下和叶脉内。卵期6～7天。初孵若虫不太活动，集中在叶背叶脉两侧危害，长大即分散。

③预测预报　从5月末至6月初开始，在园中悬挂黄板诱虫，每天根据对蓟马成虫的诱集总量对蓟马发生进行预测预报。

④防治适期　早春和秋后蓟马多集中在葱、蒜及烟草上危害，及时喷药消灭虫源。在葡萄开花前2～3天或初花期开始防治。

⑤防治方法　一是农业防治。早春清除田间杂草和残株落叶，集中烧毁或深埋，可减少虫源。二是生物防治。保护和利用天敌，蓟马的天敌有小花蝽和姬猎蝽等，对蓟马发生量有一定抑制作用，应注意保护利用。三是物理防治。田间悬挂黄板诱杀成虫。四是药剂防治。选用的药剂有25%噻虫嗪水分散粒剂5 000～10 000倍液，或10%吡虫啉可湿性粉剂4 000～6 000倍液，或1.8%阿维菌素水乳剂2 000～3 000倍液，或3%啶虫脒水乳剂2 000～2 500倍液，或10%烟碱乳油800～1 000倍液等。

(5)康氏粉蚧

①危害特点　以成虫和若虫吸食果实、叶片和嫩枝的汁液。寄主被害后，果面、叶面霉污，生长发育受阻，降低果品质量(图7-5)。

②发生规律　在河南、河北、山东1年发生3代，吉林延边地区1年2代。主要以卵，少数以成虫或若虫在树干、主枝等老皮缝隙或土缝中越冬。葡萄发芽后越冬卵开始孵化，多在树皮裂缝的嫩组织处寄生。在山东烟台5月上中旬为第一代若虫盛期。6月中旬至7月上旬成长为成虫，交尾产卵。第二代若虫7月上中旬

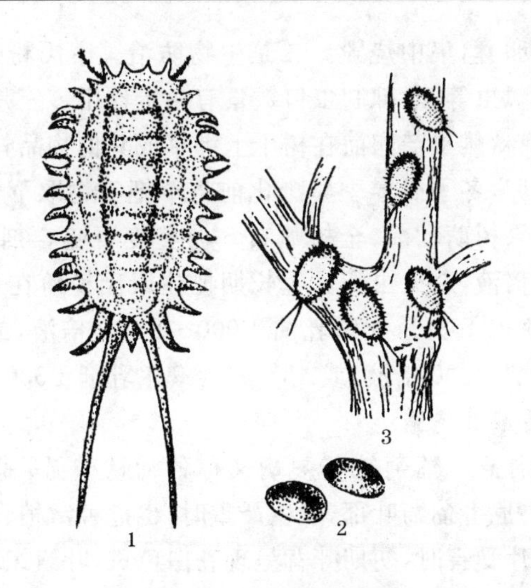

图 7-5　葡萄康氏粉蚧

1. 成虫　2. 卵　3. 成虫危害状

孵化，8 月上中旬变为成虫产卵。第三代若虫 8 月中旬孵化，9 月下旬变为成虫，并产卵越冬，早期产的卵可孵化为若虫越冬。每头雌虫可产卵 200～400 粒。雌虫爬到树干粗皮裂缝、树叶下或干果梗注处产卵。有的雌虫落到地面，钻入土中产卵，在产卵处成群聚集，分泌棉絮状的卵囊，产卵其中。康氏粉蚧属活动性危害的种类，除产卵期的成虫外，若虫、雌成虫均能随时变换危害场所，第二、第三代若虫多迁移至枝、叶、果实萼注、叶腋等处危害。

③**防治适期**　第一代若虫花后 10～15 天孵化，4 月底至 5 月上中旬为第一代若虫发生盛期，此时为防治的重要时期，需喷药防治。7 月上中旬、8 月下旬为第二代、第三代若虫发生期，也应进行喷药防治。

④**防治方法**　一是农业防治。加强果园栽培管理，增强树势。及时修剪，改善通风透光条件。冬季刮除枝蔓上的裂皮，用硬毛刷

子清除越冬卵囊，集中烧毁。二是生物防治。康氏粉蚧的天敌较多，如草蛉、瓢虫等，对抑制虫口数量有一定作用。三是物理防治。绑草诱卵，晚秋雌虫产卵前在树干上绑草或其他物品，诱集雌成虫在草把中产卵，冬季或春季卵孵化前将草把等物取下烧毁。四是药剂防治。果树萌动前，全树喷布 5 波美度石硫合剂，或 99％机油乳剂 100 倍液，杀灭虫卵。生长期抓住康氏粉蚧在地上部危害的时期，可喷布 40％杀扑磷乳油 1 000～2 000 倍液，或 25％噻嗪酮可湿性粉剂 1 000 倍液，或 48％毒死蜱水乳剂 1 500 倍液。

(6)葡萄缺节瘿螨

①危害特点　葡萄缺节瘿螨又称葡萄锈壁虱、葡萄毛毡病。成、若螨主要危害葡萄叶部，发生严重时，也危害嫩梢、幼果、卷须、花梗等。叶片受害时，初期叶背呈现苍白色斑，叶组织因受刺激而长出密集的茸毛而呈毛毡状斑块，斑常受较大叶脉所限制，茸毛初为灰白色，渐变为茶褐色以至黑褐色。在叶面则呈肿胀而凹凸不平的退色斑，嫩叶面的虫斑多呈淡红色，严重时叶皱缩干枯。花梗、嫩果、嫩茎、卷须受害后致使生长停滞。

②发生规律　1 年发生 3 代，以成螨在芽鳞茸毛内、枝蔓粗皮裂缝等处潜伏越冬，以枝条上部芽鳞内越冬虫口最多，可达数十头至数百头。春季葡萄发芽后越冬虫出蛰危害，迁移到嫩叶的背面皮毛间隙中吸取养分，展叶后又迁移到新的嫩叶上危害。5～6 月份危害最盛，7～8 月份高温多雨不利于发育，虫口有下降趋势。成、若螨均在茸毛内取食活动，将卵产于茸毛间，秋季以枝梢先端嫩叶受害最重，秋末渐次爬向成熟枝条芽内越冬。干旱年份发生较重。

③防治适期　早春葡萄芽膨大吐绒时潜伏芽内的瘿螨开始活动，是防治的关键时期。

④防治方法　一是农业防治。冬季清园，收集修剪下的枝条、落叶、翘皮等带出园外烧掉。二是物理防治。防止苗木传播。从

病区引苗必须用温汤消毒，先用30℃～40℃热水浸5～7分钟，再用50℃热水浸5～7分钟，可以杀死潜伏瘿螨。三是药剂防治。应在春季大部分芽已萌动，芽长在1厘米以下时进行，可喷0.3～0.5波美度石硫合剂，或45%晶体石硫合剂300倍液，或15%哒螨灵水乳剂3 000倍液，或5%唑螨酯微乳剂1 500倍液，或20%三唑锡悬浮剂2 000倍液，或73%炔螨特微乳剂2 000倍液等。

(7)金龟子类

①*危害特点* 常见危害葡萄的金龟子主要有以下几种：东方金龟子、苹毛金龟子、铜绿金龟子、白星花金龟等。早春葡萄萌芽以后，金龟子先后出来啃食嫩芽、花蕾、叶片和果实。受害严重时，使葡萄不能正常抽生新梢，树势衰弱，影响开花结果。白星花金龟主要危害果实，成虫常几个群集危害成熟的葡萄果实，把果实食成“空壳”。幼虫统称为蛴螬，生活在土壤中，啃食幼苗的根茎部，造成生长缓慢，严重时将根茎咬断，全株枯萎死亡。

②*发生规律* 1年发生1代，有的2年发生1代。以成虫或幼虫在土里越冬。春天发生最早的是东方金龟子和苹毛金龟子，葡萄萌芽期从土中钻出危害，生长期铜绿金龟子主要食害叶片，白星花金龟主要食害果实。成虫具有假死性。

③*预测预报* 从4月上旬开始，每天中午观察树上有无成虫出现，注意发生量，如果发生量较大，可发出预报，进行防治。

④*防治适期* 在开花前2天，进行喷药保花。根据预测预报，在成虫大量发生时喷药保护。

⑤*防治方法* 一是农业防治。葡萄采收后到埋土前，进行秋季深翻，破坏金龟子的越冬场所，减少越冬虫的基数。二是物理防治。利用成虫的假死习性，在成虫盛发期于清晨或傍晚敲树振虫，树下用塑料布接虫、集中杀灭。利用铜绿金龟子和东方金龟子成虫的趋光性，于成虫发生期，在果园安装黑光灯，灯的高度高于树冠1米左右，灯下设置水盆，引诱成虫扑入水中溺死。利用白星花

金龟的趋化性，于白星花金龟发生期，将糖醋液（适量杀虫剂＋糖6份＋醋3份＋酒1份＋水10份，杀虫剂一般选用菊酯类乳油混加吡虫啉类粉剂）装在诱虫碗内，用铁丝挂在树冠周围，每隔10米1个，适时补充糖醋液，下雨后重新更换糖醋液。三是药剂防治。地面施药，控制潜土成虫。常用药剂有25％辛硫磷微胶囊剂、50％辛硫磷乳油或40％毒死蜱乳油，每667米^{2}用药量为0.3～0.4千克，稀释成300倍液，均匀喷布到地面。喷药前，树盘内要事先锄草和松土，喷药后待地面药液干后再浅锄1遍，将药与土拌匀，防止药剂迅速见光分解，以延长其残效期，虫口密度大的果园，第一次药后间隔15天可再喷1次。成虫发生期喷2.5％高效氯氟氰菊酯水乳剂2 000倍液，或40％杀扑磷微乳剂1 500倍液等。

八、葡萄设施栽培

(一)葡萄设施栽培中存在的主要问题

1. 不顾实际,盲目发展

一些地区不顾市场需求和本地的实际条件,片面追求规模发展,结果管理水平低,技术指导不到位,生产活动具有很大的盲目性,没有形成一套完善的综合技术管理体系,经济效益低。

2. 设施结构不合理

不少葡萄栽培设施是通过蔬菜棚改造而用于葡萄生产的,设施比较简陋。设施的脊高较低,室内空间小,通风透光不良,对光照、温度和湿度等环境条件的调控能力差,致使果实着色不良,可溶性固形物含量低,果实成熟期延迟等。其不透明覆盖材料,多为传统的草苫,保温性能差,沉重不耐用,并容易造成棚膜破损。

3. 扣棚升温时间过早,升温过快

为了抢早上市,扣棚升温时间过早,树体没有完成休眠,致使萌芽不整齐,部分芽眼不能萌发,花器官发育不良,落花落果严重,产量低,甚至不能形成经济产量。有些设施揭苫升温时,升温过快,设施内温度高,使冬芽提前萌发,而地温不能达到根系生长的要求,导致地上部和地下部生长不协调,发芽不整齐,花序发育不良,产量降低。

4. 品种、密度及架式不适当

品种选择不当，致使促成栽培不能提早上市，延迟栽培达不到延迟的目的。设施促成栽培应选择早熟或极早熟品种，如乍娜、87-1、夏至红、着色香、光辉、红双珠、早黑宝、无核白鸡心和90-1等；延迟栽培应选择晚熟或极晚熟品种，如红地球、意大利、巨玫瑰、藤稔和巨峰等，以达到果实提早或延迟上市的目的。

栽培的密度不合理，选择的架式不适当。密度及架式的选择，应根据设施类型、栽培制度和品种特性来进行。现在栽培中存在盲目追求产量，进行高密度栽培，致使架面郁闭，光照差，病虫害严重，果实质量差，经济效益低。

5. 树体枝蔓、花果管理不到位

在设施栽培中，仍然采用露地栽培的枝蔓管理模式，致使单位面积留枝量过大，架面郁闭，通风透光差；忽视采后树体管理，致使花芽分化不良，翌年产量较低；花果管理不精细，果实质量差。

6. 肥水管理不科学

施肥不科学。大量施用化肥，尤其是尿素，使设施内的氨气、亚硝酸气含量过高；施用的有机肥没有经过充分腐熟，设施内产生大量的二氧化碳和一氧化碳，对葡萄植株造成伤害。施肥时期不当，果实采收后就进行施肥，致使植株徒长，花芽分化不良。

（二）提高设施栽培效益的方法

葡萄设施栽培方法较多，有各式日光温室、塑料拱棚，其中日光温室、塑料大棚和双层拱棚应用较多。要按各地自然环境和栽培目的灵活选择。

1. 选择半拱式日光温室

半拱式日光温室具有采光条件好、保温性能强、经久耐用、取材容易、造价较低、可因地制宜等优点。半拱式高效节能日光温室的结构见图 8-1。

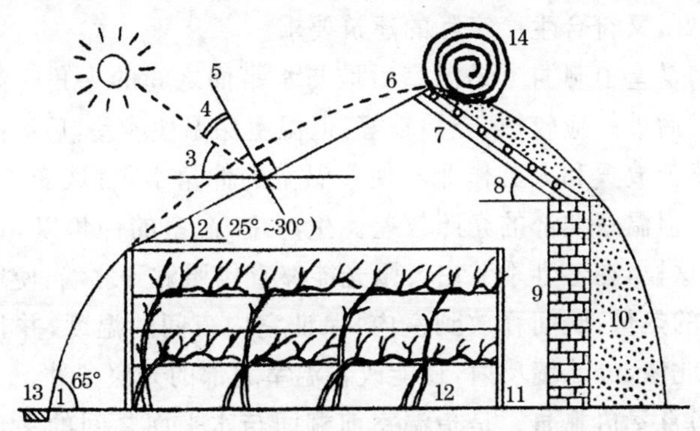

图 8-1　半拱形面或直斜面温室结构

1. 温室地角　2. 棚面角　3. 太阳高度角
4. 阳光入射角　5. 法线（与主棚面呈 90°）　6. 主棚面　7. 后坡面
8. 后坡仰角　9. 后墙　10. 后墙外土堆　11. 葡萄架立柱
12. 葡萄树　13. 防寒沟　14. 草苫

(1) 温室脊高　脊高又称矢高。温室透明覆盖物的表面积越小，其保温性能越好。但室内容积较小，热容量较小，室内的温度变化快，且温室较低，采光不好，室内作业不方便。温室高，采光性能好，但保温性能差、造价高。一般葡萄架高为 2 米左右，上部还要留出 50 多厘米的空间，有利于空气流通，并防止叶片的灼伤。因此温室设计脊高以 2.7～3 米较好。

(2) 温室的长度及跨度　温室的长度一般以 60 米左右为宜。长度过小，由于两边山墙遮阴，室内可利用空间较小，且单位面积造价高，使用不经济。长度过大，管理不方便，且通风不良，保温性能不好。温室的跨度应根据温室的高度和当地的地理纬度来确定。一般高纬度地区温室的跨度以 6～7 米为宜;低纬度地区的跨度以 7～8 米为宜。

(3)温室的屋面角 屋面角又称棚面角,是温室接受光照的主要部位。温室屋面角一般在 25°～30°为好,这样,既可保证温室透光率良好,又符合生产实际的建筑要求。

(4)温室的仰角 是温室后坡与水平面之间的夹角。温室的仰角大,后坡相应较短,光照较好,但温室保温性能差,后坡陡度较大,对草苫放置和人员作业不便。温室的仰角小,后坡变长,保温性能好,但温室北部的光照较差。生产中,温室的仰角以 40°左右为佳。这样,在冬春季节白天阳光能够直接照射到北墙,使墙体蓄存大量的热量,晚间释放到室内,保证室内夜间的温度,并且阳光直射到北墙,经北墙反射,还能改善温室北部的光照条件。

(5)温室的地角 是指温室前棚面与水平面之间的夹角。生产中,温室地角一般多以 60°～70°为好。这样,不但采光效果好,而且温室内可利用的空间大,室内作业方便。

(6)温室的墙体规格 北墙高度应与温室脊高相符,一般为 1.8～2.5 米,厚度为 0.8～1.2 米。生产中,北墙的厚度应略大于当地冻土层的厚度,并且还要在后墙外培土保温。如果采用空心墙,填充珍珠岩或稻壳等保温材料,因其保温效果较好,其墙体厚度可略小些。东西山墙的厚度与北墙厚度相同,其高度根据棚架结构确定。墙体可用砖石或土坯砌成,也可用土干打垒方法筑成或用草泥垛成。

(7)通风窗的设置 在建造北墙时,每隔 5～7 米距离,在距地面 1～1.5 米高处,留高、宽各 24 厘米左右的小窗。也可在棚面上每隔一段距离设置通风口,用于调节温度、湿度及空气。通风换气时通风窗开启多少个,窗口开多大,应根据温室内的温、湿度要求来确定。

(8)防寒沟的设置 温室前角由于径流散热，地温较低。为了保证温室前角的地温，需在温室前檐下挖深、宽各0.5米的防寒沟，沟内填充麦秸、稻草等保温材料，再盖上厚10厘米左右的土。

(9)塑料薄膜的选择 塑料薄膜是温室棚面的透明覆盖材料，是阳光进入温室的必经之路。选择薄膜要求透光性好，比较耐老化，具有较好的保温性、无滴和牢固等优点。现在生产应用较多的是聚氯乙烯长寿无滴膜，或乙烯醋酸多功能复合膜，其综合性状较好。

(10)不透明覆盖材料的选择 不透明覆盖材料是温室夜间保温的主要材料，主要有草苫、纸被、棉被和无纺布等。

2. 合理选择品种

正确选择品种是设施葡萄栽培成功，获得高效益的关键。在选择品种上需要注意以下几方面。

(1)适合设施内的环境条件 在设施中栽培葡萄，光照强度明显比外界自然环境的低，且直射光少，散射光偏多，温、湿度比露地条件的高。因此，选择的品种要求适应性强，尤其是对温、湿、光等环境条件适应范围较广。耐弱光，在散射光条件下能够正常生长、结果与成熟。生长势中庸，能够在高温、高湿的环境条件下正常生长、开花、结果，并且要求在设施内花芽容易形成，着生节位较低，坐果率高，较易丰产，且抗病性较强。

(2)选择高产稳产易管理的优良品种 设施栽培在选择品种上，除要适应设施内的生态环境，还要求品种结果早，果穗、果粒大而整齐，色泽鲜艳、酸甜适口、有香味、易管理而又高产稳产的优良品种。

(3)根据设施栽培的类型选择品种 以促成提早成熟栽培为目的的，应选择自然休眠期短，需冷量低，易人工打破休眠的极早熟和早熟品种；以延迟栽培为目的的，应选择晚熟和极晚熟耐贮运品种为主，以达到延迟成熟，延迟采收，提高效益和市场竞争力；以促成兼延迟栽培为目的的，还应注意选择二次结果能力较强的品种，以保证二次果有较好的产量。

(4)合理安排品种成熟期 在同一设施内，应选择同一品种，或成熟期基本一致的同一品种群中的品种。在不同设施间，可适当多搭配品种，做到早、中、晚熟配套，如早熟的乍娜、87-1、特早玫瑰和金星无核等品种；中熟的无核白鸡心、巨玫瑰、巨峰和意大利等品种；晚熟的达米娜、香红、香悦和蜜红等品种。

(5)根据市场需求选择品种 因人们的消费习惯不同，各地在选择葡萄品种时，应根据当地的消费习惯，选择消费者喜欢的品种进行栽培。

3. 合理选择架式及密度

设施葡萄架式的选择主要应考虑如何使植株能够最大限度地利用光能，保证通风透光良好。另外，还要根据设施的类型、栽培品种的特征特性以及栽培制度等，选择合适的架式。设施葡萄栽培架式主要为倾斜式小棚架和篱架等。

(1)倾斜式小棚架 温室中多年一栽制的葡萄，多采用倾斜式小棚架。架面南低北高，与温室棚面平行呈倾斜式延伸，架面离棚面的距离必须大于60厘米，以防止叶片灼伤。在温室南部东西行向栽植1行葡萄，株距0.5～1米。这一行为永久行。为了充分利用空间，根据温室的跨度大小，还可以在温室的北部栽植1～2行，此1～2行为临时栽植行，采用篱架，株距0.5～0.8米。2～3年后，棚架影响其生长结果时，可逐年将其拔除。在大棚中，则为南北行向，架面以大棚中线为最高点，形成两个棚架面。其架面与棚面的距离也必须保持60厘米以上。在大棚的东西两侧各栽植1行，株距为0.5～1米，这两行也为永久行。如株距较小，架面郁闭时可隔株间伐。在大棚的中间部位，根据大棚的跨度临时定植

2～3 行，株距 0.5～0.8 米，结果几年后，根据情况逐年拔除。这几行采用篱架。此种架式通风透光良好，植株受光均匀，光合效率高，花芽分化良好，坐果率高，结果部位分布均匀，果实着色比较一致，品质良好。

(2)篱架 这是适合密植的一种架式。一年一栽制的温室栽培及多年一栽制的塑料大棚栽培，多采用篱架式。架面的建造基本同露地栽培，只是架面的最高点要与棚面保持 50 厘米以上的距离。无论是温室还是大棚里的行向均为南北行，分为双行带状栽植和单行栽植 2 种。双行带状栽植，小行距为 50～80 厘米，大行距为 2～3 米，株距为 0.5～1 米，每 667 米^2 栽植 330～800 株。单行栽植，行距为 1.5～2 米，株距为 0.5～1 米，每 667 米^2 栽植 330～880 株。栽植密度主要根据栽培制度及品种的特性来确定，一年一栽制，一般栽植密度可以大些。多年一栽制，生长势强，对光照要求较高的品种要适当稀植，如巨峰等品种；生长势中庸，在散射光条件下能够正常生长结果，果实着色良好的葡萄品种，可以适当密植。并且，对于多年一栽制的栽培方式，为了增加早期产量，前期密度可以大一些，进入盛果期后再进行隔株间伐。这种架面的优点是栽植密度大，便于管理，成形快，有利于早期丰产。其缺点是架面直立，光照不良，容易造成枝蔓徒长，花芽分化不良，落花落果较多，果实发育和着色不良，没有倾斜式小棚架通风透光好。温室及大棚中多采用单臂篱架。

4. 温度、光照、肥料、水分及二氧化碳的科学管理

(1)温度的科学管理 温度是影响葡萄生长结果的重要生态因素，直接影响到葡萄的产量和质量。因此，设施中温度的管理，不仅要保证葡萄各个生育阶段对温度的要求，使其顺利完成生长发育过程，而且要能使葡萄免遭高、低温的危害。葡萄设施栽培的温度管理应根据设施内的温度特点进行。设施升温，主要是利用

太阳辐射提高室内温度,并使多余的热量贮存在设施中,夜间再释放出来维持室温。加温温室还可利用加温设备增温。通过加盖不透明覆盖材料为设施保温。设施内的降温方法主要是通风换气。

①冬春揭苫升温与催芽期的温度管理　日光温室一般在1月上旬至2月上旬葡萄休眠期结束时,开始揭苫升温较适宜。塑料大棚一般在外界日平均温度稳定在-2℃～4℃时开始覆膜升温。日光温室的升温主要通过揭盖草苫等覆盖物来控制。一般在太阳出来半小时后揭苫,日落前1小时左右盖苫,阴雪天不揭苫。在开始升温的前10天,应使室温缓慢上升,白天室温由10℃逐渐上升至15℃～20℃,夜间保持在10℃～15℃,最低不低于5℃,地温要上升至10℃左右。升温后20天左右的催芽温度,白天由15℃～20℃逐渐升至25℃～28℃,夜间保持在15℃～20℃,地温稳定在20℃左右。升温催芽不能操之过急,要缓慢升温。由于开始升温时,室温上升较快,地温上升较慢。室温骤然升高,常使冬芽提前萌发,而地温不能达到根系生长的要求,会导致地上部和地下部生长不协调,发芽不整齐,花序发育不良,产量降低。此阶段的温度控制,白天要注意缓慢升温,夜间注意保温,保证夜间温度维持在10℃以上。

②萌芽期至开花期的温度管理　从萌芽至开花前,葡萄新梢生长速度较快,花序器官继续分化。在正常的室温条件下,从萌芽至开花需要40天左右。萌芽期温度,白天室温控制在20℃～28℃,夜间保持在15℃～18℃。在开花期,白天室温保持在20℃～25℃,最高不超过28℃,夜间保持在16℃～18℃。此期白天温度达到27℃时,应通风降温,使温度保持在25℃左右。从萌芽至开花期,如果温度过高,此期时间缩短,新梢易发生徒长,枝条细弱,花序分化差,花序小,影响产量。开花期温度过高,坐果率降低,落花落果严重,叶片易出现黄化脱落等现象。此期温度管理的重点是,保证夜间的温度,控制白天的温度。晴天时,白天注意通

风降温，控制温度，不要超过28℃。阴天时，在能保证温度的情况下，尽量进行通风降湿，防止植株徒长。

③**果实膨大期的温度管理** 此期为营养生长与生殖生长同时进行的时期。白天温度控制在25℃～28℃，夜间保持在16℃～20℃。本阶段太阳辐射增强，设施内温度较高，应注意通风降温，使室内温度不要超过30℃。当外界气温稳定在20℃左右时，温室、大棚的通风口晚上不用关闭；避雨棚下部的裙膜可以去掉，以利于通风换气，使树体增强抗性。

④**果实着色至成熟期的温度管理** 为了促进果实糖分积累、浆果着色、果实成熟及增加树体养分积累，本阶段应人为加大设施内的昼夜温差。白天温度控制在28℃～30℃，最高不要超过32℃，夜间加大通风量，使夜间室温保持在15℃左右，昼夜温差达到10℃～15℃。此期温度管理的重点是，防止白天温度过高，尽量降低夜间温度，增大昼夜温差，以促进果实着色和成熟，提高含糖量。

(2)光照的科学管理 葡萄是喜光植物。利用光能进行光合作用，制造有机物，用于生长、开花和结果。不同的品种其光饱和点为30 000～50 000勒克斯，补偿点为1 000～2 000勒克斯。当设施内的光照强度达到2 000勒克斯左右时，叶片光合作用所制造的养分，才能保持植株的生长发育。若设施内光照不足，光合产物减少，植株得不到应有的养分供应，花芽分化不好，开花不良，就会影响授粉受精，使坐果率降低，果实着色不良，品质下降，产量降低，并使植株徒长，抗性减弱，容易发生病虫害。另外，光照不仅是光合作用的主要能源，还直接影响设施的温度及湿度。在设施内，白天主要靠太阳光照给室内加温，夜间靠覆盖来保温。光照不足，设施内的温度就难以保证，不能使葡萄正常生长结果。

光照主要包括日照时数、光照强度、光质和光的分布等。设施的光照时数，与季节、纬度和天气情况等有关，同一地区、同一季节的光照时数，是用揭苫和盖苫的时间来控制的。光照强度与分布则随太阳位置的变化和设施结构的不同而变化。光质主要受透明覆盖物种类的影响。设施栽培要求最大限度地满足植株对光照条件的要求。增加和改善光照，一是要调整好棚面角，尽量使太阳入射角为0°～40°，减少棚膜对光照的反射，以增大透光率。二是选用透光效果好的无滴多功能优质薄膜，并经常清扫和冲洗表面，增加透光度。三是选用牢固的骨架，减少骨架及支柱等的遮阴。四是铺设反光膜及后墙涂白，以增加设施内的光照强度，并改善光的分布及增加室内的温度。另外，还可采用增设生物钠灯等光源，进行补光。

(3)湿度的科学管理 设施内湿度包括室内空气湿度和土壤湿度，室内湿度受天气状况、加温、通风和土壤灌水等因素影响，一般晴天室内空气相对湿度为60%～80%，夜间达到90%以上。而阴天的白天室内空气相对湿度达80%以上，夜间能达到饱和状态。白天温度高时，适当通风，空气湿度降低，夜间随着温度下降，空气湿度增高，棚面和植物叶面会有凝结的水滴。土壤湿度主要由灌水和土壤毛细作用水分上升而产生，并不断地向外蒸发和被植物所吸收。

设施内空气湿度的管理，要根据葡萄生长的不同发育阶段来进行。在催芽期，土壤要小水勤灌，使室内空气相对湿度控制在85%左右，以防止芽眼枯死；开花期室内空气相对湿度应控制在65%左右，有利于开花授粉受精，以提高坐果率；果实膨大至浆果着色期，室内空气相对湿度应控制在75%左右；浆果成熟期，室内空气相对湿度应控制在55%左右，以提高浆果可溶性固形物含量和耐贮运性。如室内湿度不足时，用地面灌水、室内喷雾等方法增加湿度，以保证葡萄生长发育的需要；设施内湿度过高，应减少灌水，并覆盖地膜，这样既减少水分蒸发，又提高地温，还可以用通风的方法，排出水蒸气，降低室内湿度，这也是最常用最有效的方法。降低设施内空气湿度，也能有效地减少病虫害的发生。

(4)科学的水分管理 水分管理应根据植株对水分的需求规律以及不同生长时期科学进行。生长前期要保证充足的土壤水分含量，促进萌芽生长；花期适当控水，促进开花、坐果；果实生长期要保证葡萄浆果膨大用水的需要，促进果粒膨大；果实变软着色时要停止灌水，控制土壤水分，以提高浆果含糖量，加速着色和成熟，防止裂果，提高果实品质。

①花前灌透水 从树液流动、萌芽至开花前 30～40 天，应灌 1 次透水，随后根据土壤含水量决定是否灌水，期间使土壤田间相对含水量保持在 60%～70%。扣棚后尽量减少灌水次数，以免影响地温升高。

②开花期控水 从初花至末花期应注意控制水分，此期湿度过大影响开花、授粉，容易出现大小粒现象。另外，花期灌水引起枝叶徒长，营养消耗过多，严重时将落花落蕾，造成减产。

③果实膨大期灌足水 此期为葡萄树体需水临界期，应注意灌水。从生理落果至果实着色前，此期新梢、幼果均在旺盛生长，并且气温不断升高，叶片水分蒸发量大，对水分和养分最为敏感。要结合施肥灌催果水。保证这一时期的土壤相对含水量在 75%～80%。

④浆果着色期不灌水 从初上色至采收，在 20～30 天内应尽量不灌水，注意控水。

(5)科学施肥 在设施葡萄栽培中，基肥的施入时期一般在 8 月下旬至 9 月中旬完成。不能在葡萄采收后就开始施用，施用过早将促发大量夏梢，但最晚也不能超过 10 月上旬，以利于根系吸收和恢复树势。基肥主要以腐熟的优质有机肥为主，每 667 米^2 施优质有机肥 10 000 千克左右，同时加入 100 千克左右的过磷酸钙或磷酸二铵。基肥以沟施为主。施基肥时，在植株一侧距树干

40 厘米左右处，挖深 40～60 厘米、宽 30 厘米左右的施肥沟。施肥后立即盖土平沟并灌水。催芽前，结合灌水追施一次以氮肥为主的催芽肥，每株 50 克左右。开花前 10 天左右，追施三元复合肥，每株 70 克左右，并叶面喷施 0.3%硼肥。果实膨大期，追施以磷、钾肥为主的催果肥，每株 50 克左右。同时，结合防病喷药，进行 2～3 次叶面追肥，主要为 0.3%磷酸二氢钾溶液，促进果实膨大、花芽分化和果实成熟。

(6)二氧化碳气肥的科学施用 二氧化碳是葡萄光合作用的主要底物。葡萄光合作用二氧化碳的饱和点一般都在 1 000 毫克/千克以上，而自然界空气中的二氧化碳浓度一般为 330 毫克/千克左右。因而设施栽培通过通风换气，只能使设施内的二氧化碳浓度保持在 330 毫克/千克左右，远远达不到葡萄光合作用的饱和点。尤其在晴天上午通风前，室内二氧化碳的浓度只有 200 毫克/千克左右，葡萄植株对二氧化碳处于饥饿状态，严重制约葡萄的光合作用，限制葡萄产量的增加及品质的提高。因此，在葡萄设施栽培中，人工增施二氧化碳是提高葡萄产量及品质的重要措施。增施二氧化碳气肥，可使葡萄叶片增厚，功能期延长；叶绿素含量增加，光合作用增强；产量增加，一般可增产 15%左右；品质提高，可溶性固形物含量可增加 1%～2%；植株的抗逆性提高。人工施用二氧化碳气肥的方法如下。

①采用二氧化碳发生器 二氧化碳发生器的主要结构包括贮酸罐、反应筒、二氧化碳净化吸收筒和导气管等部分，通过化学反应方法产生二氧化碳，即用强酸(硫酸、盐酸)与碳酸盐(碳酸铵、碳酸氢铵等)反应，产生二氧化碳气体。现在设施栽培中，二氧化碳气体肥料的施用，主要采用稀硫酸与碳酸氢铵反应，最终产物二氧化碳直接施用于设施中，同时产生的硫酸铵又可作为化肥施用。此设备可通过反应物投放量控制二氧化碳生成量(表 8-1)，二氧化碳发生迅速，产气量大，简便易行，价格适中，应用效果较好，是

非常实用的二氧化碳发生装置。

表 8-1 每 1 000 米^{3}空间二氧化碳设定浓度的反应物投放量

设定浓度（毫克/千克）	需用二氧化碳		反应物投放量（千克）	
	重 量	体 积	96%硫酸	碳酸氢铵
500	0.3929	0.2	0.4554	0.7054
800	0.9821	0.5	1.1384	1.7634
1000	1.3754	0.7	1.5938	2.4688
1200	1.7079	0.9	2.0491	3.1741
1500	2.3571	1.2	2.7321	4.2321

注：摘于晁无疾《葡萄设施栽培》。

②采用二氧化碳简易装置 在温室内每隔 7～8 米吊置 1 个废弃的塑料盆或桶，高度一般为 1.5 米左右，倒入适量的稀硫酸，根据需要加入碳酸氢铵，发生反应后，释放二氧化碳气体。

③施用液体二氧化碳及二氧化碳颗粒气肥等 设施葡萄栽培的二氧化碳施用时期，一般在开花前后开始，尤其是幼果膨大期及浆果着色成熟期，施用二氧化碳气肥有利于浆果膨大和品质提高。二氧化碳气肥一般在揭苫后半小时左右开始施用。4 月上中旬以后，夜间不覆盖草苫时，一般在日出后 1 小时以后，设施内温度达到 20℃以上时施用，开始通风前半小时停止施用。二氧化碳气肥的施用浓度，应根据天气情况进行调整。晴天设施内温度较高，二氧化碳施用浓度要高一些，一般为 800～1 200 毫克/千克。阴天要低些，一般为 600 毫克/千克左右。如果是阴天且设施内温度较低，则一般不要施用二氧化碳，以免发生二氧化碳中毒。

施用二氧化碳气肥要注意以下事项：一是使用二氧化碳发生器及简易装置稀释浓硫酸时，应注意要将浓硫酸缓慢注入水中，千万不要把水倒入浓硫酸中，以免发生剧烈反应造成硫酸飞溅伤人。

二是施用二氧化碳气肥不能突然中断,应在果实采收之前的几天,开始逐日降低施用浓度,直至停止施用,以防止造成植株早衰。三是施用二氧化碳气肥要与其他管理措施相结合。要注意增施磷、钾肥,适当提高设施内的空气湿度及土壤湿度。在温度管理上,要使施用二氧化碳气肥的设施内的温度,比不施用二氧化碳气肥的白天温度提高 2℃～3℃,夜间降低 1℃～2℃,以防止植株徒长。

5. 合理管理花果

花果管理的内容,主要是疏剪花序、花序整形、疏粒和果实套袋等。

(1)按合理负载量疏剪花序和修整花序 疏剪花序的主要目的是减少营养消耗,提高坐果率和果实品质,达到优质高效生产的目的。疏剪花序的时间与方法应根据品种特性结合定枝进行。对于树体生长势中庸稍弱并且坐果率较高的品种如 87-1、香妃等,当新梢的花序多少、大小能够辨别清楚时尽早进行,从而节省养分,促进生长;对于生长势较强,花序较大的品种如红地球等,以及落花落果严重的品种如巨峰等,疏花序的时间应适当晚些,待花序能够清楚看出形状大小时进行,将位置不当、分布较密以及发育较差的弱小花序疏掉。设施栽培栽植密度较大,每 667 米^2 枝芽量大,疏花序时粗壮结果枝及中庸结果枝留 1 个花序,细弱枝不留花序。保证结果枝与营养枝之比为 2∶1。设施栽培肥水充足,管理精细,产量可比露地栽培稍高一些,每 667 米^2 产量控制在 2 500 千克左右,但不要超过 3 500 千克,以保证浆果的品质。

修整花序一般同疏剪花序同时进行。通过花序整形提高坐果率,使果穗紧凑、穗形美观,提高浆果的外观品质。修整花序应根据品种特性进行,对于果穗较小、穗形较好的品种,果穗稍加整理即可。对果穗较大、副穗明显的品种如红地球、巨峰等,应将副穗及早除掉,并掐去全穗长 1/5 或 1/4 的穗尖,使全穗长保持在 15

厘米左右，不超过20厘米。而对于一些特大的果穗还要疏掉上部的2～3个支穗。

(2)花前喷硼 硼能促进花粉粒的萌发、授粉受精和子房的发育，缺硼会使花芽分化、花粉的发育和萌发受到抑制。因此，在花前进行叶面喷施硼砂溶液，可有效提高坐果率，减少落花落果。一般在开花前7天左右喷施0.2%～0.3%硼砂溶液1～2次。

(3)修果穗和疏果粒 修果穗的目的就是使果穗紧凑，穗形整齐美观，提高果品外观及品质。修果穗可结合第一次疏果粒进行。疏果粒就是按照品种特性对果穗的要求，疏掉果穗中的畸形果、小果、病虫果以及比较密挤的果粒。疏果粒一般在花后2～4周进行1～2次。第一次在果粒黄豆粒大小时进行，第二次在果粒蚕豆粒大小时进行。疏果粒根据不同的品种进行，自然平均粒重在6克以下的品种，每穗留60粒左右为宜；自然平均粒重在6～7克的品种，每穗留45～50粒；自然平均粒重在8～10克的品种，每穗留41～45粒；自然平均粒重大于11克以上的品种，每穗留35～40粒。这样，不仅能保证平均穗重500克左右，而且果粒大小比较均匀整齐。

(4)果实套袋 葡萄果穗套袋的目的，就是提高葡萄果实外观及品质，保持果粉完整，减少葡萄病虫对果实的危害。其具体操作方法见本书中葡萄枝蔓与花果管理的有关内容。

6. 枝蔓调控

设施栽培的葡萄，密度较大，生长期长，枝条较多，光照条件较差，修剪时单株留芽量要比露地栽培的少留。结果枝摘心，副梢和花序的处理都要及时到位。进入果实着色期，要及时调整叶幕层结构，剪除部分副梢和老叶，以保证通风透光，促进果实着色。在设施栽培条件下，光照条件差，花芽分化不良，花芽节位也较高。生长季较长，枝条基部的花芽分化不良，并且芽体老化，萌芽率降低,结果部位外移。因此,在葡萄果实采收后,应进行一次清理修剪。修剪时,疏除徒长枝、竞争枝和衰弱枝。对生长势中庸的结果母枝,留 2～4 个芽进行短梢修剪,刺激枝条基部冬芽萌发。冬芽萌发后,每平方米架面保留 20 个左右的新梢,及时抹除距主蔓较远的新梢,尽量保留离主蔓较近的新梢,培养这些新梢形成翌年的结果母枝。进行设施葡萄栽培要有计划地进行回缩更新处理,逐年隔株回缩更新。

7. 病虫害防治要及时、彻底

葡萄在设施栽培条件下,病虫害的发生种类及时期,与露地栽培有明显的变化。设施内成为相对独立的环境条件,多数病害的发生比露地栽培条件下轻,如霜霉病等;少数病害却加重,如白粉病和灰霉病等;生理病害及虫害增多,一般在露地基本不能造成危害的蚜虫和红蜘蛛,往往在设施栽培中却大发生。病虫害的传播方式也发生改变,露地依靠自然空气、风雨传播的,改为通过苗木、土壤和灌水来传播。另外,设施内的高温、高湿条件,使病虫害的发生时间提前,并且扩展迅速。因此,设施栽培葡萄的病虫害防治,应注意以下几方面:一是设施内温湿度较高,病虫害发生迅速。因此,应以预防为主,做到及早发现,及早防治。二是设施内是一个封闭的环境,药剂防治应以喷粉法、烟雾法为主。三是设施内温度较高,进行化学药剂防治时,药剂的使用浓度及次数,要稍低于露地。

设施内葡萄病虫害的识别、药剂选择,可参照本书中葡萄病虫害防治相关内容进行。

九、葡萄采收、采后处理与贮运保鲜

（一）葡萄采贮与处理中存在的主要问题

葡萄是浆果类果树，它的果实是水果中比较不耐贮运的果品之一。果梗易干枯、掉粒和腐烂，是当前影响我国葡萄发展和贮运保鲜的主要问题。因此，为了促进葡萄业的发展和提高贮运保鲜的质量，应加强科学研究，选用优质耐贮运的品种，如红地球和秋黑等，并改进栽培技术，适期采收和提高采后各项处理技术。尤其是贮藏保鲜期间，保持低而稳定的库温，适量使用防腐剂等，是贮运保鲜的关键技术。近年来，随着科学技术的发展，葡萄栽培、贮运和保鲜技术的不断改进，贮藏库、保鲜袋和保鲜剂等配套设施和物资的完善，葡萄栽培、采收、采后处理及贮运保鲜技术的发展，已经进入了新的阶段。但是，也存在以下的问题。

1. 对葡萄产后管理增值认识不够

许多果农觉得将葡萄采收好，卖出去，就行了，对产后管理增值认识不高，重视不够，采取的方法不多。世界上发达国家农产品产值70％，是通过产后贮运、保鲜和加工等项作业后实现的。产后产值与收获时自然产值的比例，美国为3.7∶1，日本为2.2∶1，而中国仅为0.38∶1。因此，我国果树生产者与果树工作者都要积极努力，吸取先进国家经验，提高我国葡萄产后管理水平。

我国2004年葡萄产量为500万吨，其中鲜食约占60％以上，并且多集中在北方产区。这些果实基本上是季产季销和地产地销。因此，贮运保鲜已成为影响葡萄生产发展的重要因素。近几年，辽宁、河北和山东等省都在推广葡萄产地贮藏保鲜和加工技术，并已初见成效。如辽宁省北宁市每年就地贮藏葡萄1.5万～2万吨，采后自然产值平均为1.5～2元/千克，经贮运后，以5～10元/千克的价格远销俄罗斯等国，净增值达2000万～3000万元。所以，葡萄贮运保鲜前景广阔，大有作为。

2. 耐贮运品种未得到应有的发展

葡萄栽培的品种较多，其耐贮运性差异较大，一般欧亚种较欧美杂交种的耐贮运性强；晚熟品种较早中熟品种耐贮运；同一品种，北方生产的较南方生产的果实耐贮运；通常以果实皮厚、蜡质果粉多、果肉硬脆、穗梗木质化好、果刷粗长和果实含糖量高的品种耐贮运。如红地球、秋黑、龙眼、圣诞玫瑰、甲斐路、粉红太妃和玫瑰香等耐贮运性较强；果粒大、抗病性强的欧美杂交种巨峰、黑奥林、夕阳红、巨玫瑰和藤稔等品种耐贮运性中等；无核白、牛奶和木纳格等白色品种，果实在贮运中果皮被磨碰伤后，易变色和落粒，较不耐贮运。我国目前栽培的葡萄品种，其结构不尽合理，耐贮运品种没有得到应有的发展。今后要注意选择栽培耐贮运的葡萄品种。

3. 对有利于提高葡萄果实贮藏性的栽培技术重视不够

树体负载量、肥水管理和病虫害防治等项作业，对葡萄果品质量影响很大。只有贮藏优质的葡萄果实，才能获得较好的贮运效果。

(1)树体负载量不尽合理 一般每667米^{2}产量不要超过2000千克，葡萄着色好，含糖量高，贮运性能良好。产量控制在1500千克，正常管理条件下，果实含糖量可达到15%～17%。负载量对葡萄贮藏效果影响见表9-1。要提高葡萄的贮运性，就要将葡萄的负载量,控制在合理的范围内。

表 9-1 负载量对葡萄(巨峰)贮藏效果的影响

(董凤香、董景波,1994)

年份	产量(千克/667 米²)	粒重(克)	可溶性固形物(%)	贮藏 120 天		
				好果率(%)	果肉硬度	果梗保鲜指数(%)
1991	1750	11.5	16.9	95.1	硬	89
	2450	9.8	15.1	85.0	一般	76
1992	1745	11.9	17.2	94.8	硬	92
	2580	9.2	15.0	87.0	稍软	73
1993	1740	12.1	17.0	92.0	硬	95
	2820	9.5	14.5	82.0	一般	82

(2)肥水管理不够及时合理 生产上施肥要以有机肥为主,化肥为辅。在萌芽、长枝期要以氮肥为主,施量要适当,防止过量,以免造成枝梢徒长,影响果实膨大和着色。在果实膨大及着色初期,要追施 2～3 次磷酸二氢钾,促进果实着色和增糖。采收前要喷 1%硝酸钙溶液,增强耐贮性。灌水次数不宜过多,一般前中期每隔 15 天左右灌 1 次水,采收前 1～2 周不要灌水,而且要及时排除雨水,防止出现裂果,增强果实耐贮性。有的果农在对葡萄的肥水管理中,随意性、随机性很大,使葡萄的耐贮运性受到很大的影响。

(3)防治病虫害用药并非完全适时适量 葡萄园病虫害发生严重,会影响果实的耐贮性。如果穗、果粒上带有霜霉病、灰霉病等病菌时,在贮藏期,条件适宜时会继续发病,导致果实腐烂。因此,生产上要加强病虫害防治,特别是生长后期的防治对果品的贮藏更为重要。

(二)提高葡萄贮运保鲜效益的方法

1. 采收期要适宜

葡萄属于无呼吸高峰的水果,采收后果实中的可溶性固形物不会再增加。鲜食和贮藏的葡萄应充分成熟。因为充分成熟的浆果外观美,糖度高,品质佳,耐贮藏。所以,生产上主要根据浆果含可溶性固形物的多少,来判断成熟度。一般在果实着色后期,要定点每隔 2～3 天测定 1 次可溶性固形物含量。当其含量不再增加时,为适宜采收期。国内不同葡萄品种的可溶性固形物含量标准如表 9-2 所示。

表 9-2　鲜食葡萄代表品种平均粒重及可溶性固形物含量

品　种	平均粒重(克)	可溶性固形物含量(克/100 毫升)	品　种	平均粒重(克)	可溶性固形物含量(克/100 毫升)
玫瑰香	5.0	17	圣诞玫瑰	6.0	16
无核白	2.5	19	泽　香	5.5	17
瑞必尔	8.0	16	京　秀	7.0	16
秋　黑	8.0	17	绯　红	9.0	14
里扎马特	10.0	15	木纳格	8.0	18
牛　奶	8.0	15	巨　峰	10.0	15
藤　稔	15.0	14	无核白鸡心	6.0	15
红地球	12.0	16	巨玫瑰	9.0	19
龙　眼	6.0	16	香　红	10.5	16

注:表中数据为该品种在主栽区的三年平均值(NY/T 470—2001)。

根据群众经验，入贮葡萄的适宜采收期是果实达到本品种应有的色泽、风味和香气。在日本，以色卡判断巨峰的采收期，从开始着色的黄绿→浅红→红→紫红→红紫→紫→黑紫→黑→蓝黑，共分 10 个色级，采收标准是色泽变为蓝黑色，含糖量达到 17%以上。我国山东省大泽山葡萄产区，为了提高龙眼葡萄的糖分，多延迟到 9 月下旬至 10 月上旬，果实糖分达 20%左右时才采收。藤稔葡萄，其果实色泽变化是由绿→黄绿→淡红→紫红→红紫→紫→黑紫→黑，应在紫红色，含糖量 16%以上，总酸 0.6%，糖、酸比 26～27∶1 时采收为宜。如达到黑色时，果粒变软，皱缩，风味变淡，影响产量和品质。在辽宁西部地区，巨峰果实在色泽为紫色至紫黑色、含糖量达 15%以上时就可采收入库。

2. 采收时间与方法要恰当

葡萄采收时间最好在晴天上午 10 时以前和下午 4 时以后。其原则是中午不采，雨后不采，带露不采。采收方法是，一手握剪刀，一手抓住葡萄穗梗，在贴近结果枝处将果穗剪断。如发现果穗中有烂、裂、绿、病粒时，要及时剪除，然后分级、装箱。

3. 分级、装箱要精细

葡萄的分级、装箱标准，按农业部规定的农业行业标准 NY/T 470—2001 要求进行。其箱子主要用无味的板条箱、纸箱、钙塑瓦楞箱和硬质泡沫箱等。板条箱、硬质塑料箱规格为 40 厘米×30 厘米×24 厘米，四周有通气孔，装果量为 8～10 千克，纸箱装 1～5 千克。用于葡萄贮藏的多为板条箱和硬质塑料泡沫箱，保温、减震效果较好。保鲜袋主要有聚乙烯和无毒聚氯乙烯 2 种，厚度为 0.03～0.05 毫米，经济实用。装箱时，要求袋内上下各放一层包装纸吸湿。做到果实不在产地过夜，保持葡萄果柄新鲜。外运时，在包装上应标明产品名称、产品数量、生产日期和生产单位等。然后，预冷、入库。其鲜食葡萄的外观、果粒大小、内在品质及着色度等项标准，见本书葡萄枝蔓与花果管理中表6-1至表6-4。

4. 预冷要快速

葡萄采收后，必须快速进行预冷，有效而迅速地降低果实呼吸强度，延缓贮藏中病菌的危害与繁殖。另外，快速预冷还可以防止果梗干枯、失水，阻止果粒失水萎蔫和落粒，从而达到延长贮藏时间、保持品质、提高效益的目的。目前，葡萄采收后预冷主要是在装有吊顶风机的冷库中进行，将库温设定在－1℃～0℃，预冷20～24小时，待葡萄果温降至0℃时码垛入库贮藏。若采用塑料小包装，则需敞开袋口预冷，预冷后放入保鲜剂（防腐药），扎口后入库贮藏。预冷时，应分批次进行，或设专用预冷库间，使葡萄果温迅速下降。预冷速度愈快，预冷愈彻底，袋内结露愈少，贮藏效果愈好。

5. 运输与销售要适温适时

（1）运输 葡萄在预冷至0℃后，采用冷藏车（船）或冷藏集装箱运输。如用普通汽车要进行保温处理，用棉被或聚苯乙烯板包严已预冷至0℃的包装箱，保温运输，在5～7天能保持葡萄新鲜状态。运输时应将包装容器装满装实，做到轻装、轻卸，防止汽车剧烈摆动造成裂果、落粒。使用保温箱如聚苯乙烯泡沫箱等效果好于纸箱。运输中，合理使用仲丁胺或二氧化硫速效防腐剂，可降低腐烂率。运输工具应保持清洁、卫生、无污染。

（2）销售 用于贮藏的葡萄，贮藏时间不宜过长，必须留出货架期时间，开箱后应尽快出售，以免造成损失。

6. 科学贮藏保鲜

（1）葡萄贮藏的适宜条件

①温度 温度是影响葡萄贮藏效果最重要的环境因素。葡萄

的冰点随着含糖量的增加而降低，一般为−2℃～−3.7℃。穗轴含水量较高，对低温敏感，因此葡萄贮藏最佳温度以穗轴不受冻害为前提。据中国农业科学院果树研究所试验的结果，一般葡萄贮藏适宜的库温为−2℃～0℃，而以−0.5℃～−1.5℃为最佳，如巨峰、龙眼、白莲子和新玫瑰等。但不同品种稍有区别，红地球、牛奶、秋黑和玫瑰香等贮藏适宜温度为−1℃～0℃，泽香、意大利、红蜜和保尔加尔等以−2℃～0℃贮藏较好。另外，早中熟品种及南方或温室内栽培的葡萄，果梗脆嫩、皮薄、含糖量偏低的品种，耐低温能力稍差，应在0℃～0.5℃条件下贮藏为宜。

②湿度　葡萄贮藏最适宜的湿度为90%～95%，若采用塑料保鲜袋包装，以袋内不结露为度。为了防止袋内湿度过大，形成水珠与葡萄接触，可在袋内放入吸水纸。

③环境气体成分　巨峰采用无毒聚氯乙烯袋贮藏，袋内二氧化碳浓度为8%～12%，氧气浓度<12%时，能起到明显的自发气调作用，表现为果梗鲜绿饱满，果肉硬，色泽紫红亮丽，保鲜效果极好。玫瑰香较耐二氧化碳，不适合低氧贮藏，当二氧化碳浓度为8%～12%时，可明显抑制腐烂和脱粒，好果率高，最佳气体指标为氧气10%、二氧化碳8%；红地球以氧气2%～5%、二氧化碳0%～5%，贮藏效果最好；藤稔对二氧化碳敏感。目前，国内商业上大规模气调（CA）贮藏尚未见报道，生产上主要采用塑料薄膜袋、塑料大帐等简易气调贮藏方式进行。

(2)葡萄的主要贮藏方法

①土法贮藏　葡萄采收后，由于窖、库温较高，不能立即入贮，需要放在阴凉处，待窖、库温降至10℃以下时才能入窖。入窖后，应利用夜间低温或寒流影响尽快将窖、库温降至0℃以下，直至稳定在−2℃～0℃。葡萄入窖、库后，立即用硫磺熏蒸，每立方米用硫磺3～5克，加少量酒精或木屑点燃后密闭1小时，以后每隔10天熏蒸1次。当窖、库温降至0℃左右时，每隔1个月熏蒸1次，硫

磺用量减半即可。土法贮藏最好不用塑料薄膜袋、帐。因为窖、库温较高且难以控制,塑料薄膜或帐内湿度较大,容易导致果实腐烂。

冷库贮藏的葡萄一般在元旦、春节时销售。有些地区的果农为了延缓葡萄上市的时间,在葡萄架下挖沟,将采下的葡萄做短期贮藏,在市场空缺时上市销售,收到较好的经济效益。

②冷库贮藏　近年来,冷库尤其是微型或小型冷库发展较快,冷库贮藏逐渐成为葡萄贮藏的主要方式。冷库贮藏主要采用塑料薄膜袋或塑料大帐的贮藏方式,两种贮藏方式工艺稍有不同。保持低而稳定的温度是冷库贮藏的关键技术。温度控制不严、上下波动幅度太大,易引起袋或帐内湿度过高,甚至积水,容易造成腐烂和药害。两种贮藏方法的工艺过程如下。

第一,塑料薄膜袋贮藏工艺。适期晚采→分级→修穗→田间直接装入内衬薄膜袋的箱内→敞口预冷至0℃(果温)→放入防腐剂→扎口上架或码垛贮藏。采用塑料薄膜袋贮藏,在贮藏期间,若袋内结露严重,必须开袋放湿,无结露后再扎袋贮藏,否则会加重腐烂,缩短贮藏期。若预冷透彻,一般结露不会太严重。

第二,塑料薄膜大帐贮藏工艺。采收→分级→修穗→装箱(木箱或硬塑料箱)→预冷至0℃(果温)→上架或码垛→密封大帐→定期防腐处理。

上述2种方法贮藏,因为有薄膜保湿,袋内或帐内的湿度已足够,库内不需加湿。

(3)允许使用的防腐剂　葡萄在贮藏过程中,主要病害如灰霉病等的病原菌,在0℃左右的低温下,仍能缓慢地生长繁殖。因此,葡萄贮藏一般需要进行防腐处理。但实践经验表明,晚熟耐贮品种在质量较好的情况下,若计划贮藏期不到2个月时,冷库贮藏可不作防腐处理;若贮藏2个月以上,使用防腐剂效果明显。常用的葡萄防腐剂有二氧化硫、仲丁胺、冰醋酸等,目前,商业贮藏应用较多的是二氧化硫和仲丁胺2种防腐剂。

①*二氧化硫防腐剂的使用方法*　一是定期熏蒸法。按每立方米容积用硫磺 3～5 克，加少量酒精或木屑点燃后密闭 1 小时。贮藏前期每隔 10～15 天熏蒸 1 次，贮藏后期每隔 30 天熏蒸 1 次，每次熏蒸完毕后，要打开库门通风换气或揭帐换气。这种方式适合土窖贮藏或冷库内塑料薄膜大帐贮藏采用。二是缓慢释放法。缓慢释放法有重亚硫酸氢钠粉剂法和焦亚硫酸盐混合片剂法 2 种。重亚硫酸氢钠粉剂法是将重亚硫酸氢钠粉剂与硅胶按 2～3∶1 的比例混合，用牛皮纸或小塑料薄膜袋装 2～3 克药，使用时用针扎几个小眼，按葡萄(巨峰、龙眼等)总量 0.3%的比例，放入密封袋或大帐中。此法简单，容易操作，但粉剂容易吸潮，二氧化硫释放快，使用时应注意。焦亚硫酸盐混合片剂法是将焦亚硫酸钠和焦亚硫酸钾按 1∶1 比例混合，加入 1%淀粉或糊精和 1%硬脂酸钙，加工成每片 0.5～0.6 克的片剂，按每千克葡萄(巨峰、龙眼等)4 片的用量，一般每小包 2～4 片，放入塑料薄膜袋或大帐内的中上部，由于采取塑料薄膜包装，使用时需用大头针扎些小孔，药片吸收潮气后，缓慢释放出二氧化硫，达到防腐保鲜的效果。目前，葡萄贮藏中应用较多的是片剂，具体使用方法要按照厂家产品说明进行。

②*仲丁胺防腐剂的使用方法*　仲丁胺是一种高效低毒、广谱性杀菌剂。其特点是释放速度快，但药效期较短，为 2～3 个月。使用方法是按照每千克葡萄 0.1～0.2 毫升用药量(土窖贮藏用 0.2 毫升/千克，冷库贮藏用 0.1 毫升/千克)，将所需原液加等量水稀释，用脱脂棉或珍珠岩作吸附载体，装入开口小瓶或小塑料袋内，放入塑料小包装袋里扎口贮藏。若用塑料薄膜大帐贮藏，则在大帐四角和中央均用绳系上脱脂棉球或布条，按上述用药量，把药物吸附在系好的棉球或布条上，密封大帐即可。仲丁胺在牛奶葡萄上应用效果较好。注意使用仲丁胺时，一定要戴橡胶手套，并注意保护眼睛；仲丁胺药液不能直接接触葡萄，否则会产生药害(果

穗变褐);贮藏过程中不要轻易开袋或揭帐,否则药剂逸散,起不到防腐作用。

(4)葡萄贮藏期的主要病害

①裂果　裂果是一种生理病害,多发生在葡萄成熟期,与栽培条件有关。若采收前土壤湿度过大,采后贮藏期间湿度也过大,有些品种易发生裂果,如红地球和秋黑等。巨峰等品种也会因挤压增加裂果。浆果裂果后,很快霉烂变质,影响贮藏时间和商品价值。

防治措施是采收前1～2周禁止灌水,并注意雨后排水;做好疏花疏果工作,使果粒不过于紧密,以防挤压裂果;运输包装时,一定要装满装实,防止振动挤压造成裂果;贮藏环境湿度不能过大,尤其是用薄膜袋和薄膜大帐贮藏时,湿度更不能过大,否则易发病腐烂。

②冻害　葡萄冻害主要指库中穗梗、果柄发生的冻害。因为葡萄穗梗和果柄含水量高,其冰点高于果粒,耐低温性低于果粒。果梗、果柄受冻后,呈水渍状,后褐变发霉。果柄霉烂后,霉菌沿果蒂侵入果肉,造成腐烂脱落。葡萄受冻害后严重影响商品性。

防治措施主要是加强库温管理,使库温不能低于－2℃。只要蒸发器周围贮藏的葡萄不发生冻害,其他地方的葡萄就不会受冻。如遇短时间低温,葡萄发生轻微结冰,不要移动葡萄,葡萄在－0.5℃～0℃条件下会逐渐恢复。

③药物伤害　主要是二氧化硫伤害。会使葡萄果粒近果蒂部位漂白,果面无光泽。红色品种的果粒变成浅红色,白色品种的果粒变成灰褐色。严重时,果梗、果柄均被漂白。受伤的葡萄遇高温后变褐,有硫磺气味,不能食用。不同品种对二氧化硫的敏感程度不同,巨峰、龙眼和玫瑰香等品种的果实较耐二氧化硫;秋黑和红地球等品种的果实耐二氧化硫能力较差,故贮藏时按巨峰用二氧化硫量的1/2即可;牛奶和里扎马特等品种的果实不耐二氧化硫,可按巨峰用二氧化硫量的1/4或采用仲丁胺熏蒸。秋黑受二氧化

硫伤害后，果粒、果柄及果梗严重退色，呈浅红色或白色，水渍状，严重时，果皮开裂，品质变劣，不能食用。

预防措施是根据不同品种对二氧化硫的敏感程度，掌握好使用浓度。应用塑料袋、帐贮藏葡萄时，一定要预冷透，并且在贮藏过程中，库温一定要稳定，库温波动不得超过±1℃，否则因袋内湿度过大，二氧化硫缓释剂吸潮快，促使二氧化硫释放加快，从而引起对葡萄的伤害。对于不抗二氧化硫的品种，如秋黑、红地球等品种的果实贮藏时，要在葡萄上部放一层包装纸，将药剂放在包装纸上，再用一层包装纸盖在药剂上，以保证药剂释放的均匀性。若发现所贮葡萄已产生药害，应立刻开袋或揭帐通风换气，严重时要终止贮藏。另外，使用氨制冷系统的库房，若氨液发生泄漏，也会产生药害。其症状是红色葡萄变成蓝色或浅蓝色，果梗、果柄变褐。发现这种情况后，应及时检修机械和通风换气，以减轻危害和损失。

④真菌病害　葡萄贮藏期的主要病害是真菌病害，如葡萄灰霉病、葡萄青霉病、葡萄酸腐病和葡萄枝孢霉腐烂病等。现将其贮藏期病害防治方法介绍如下。

第一，葡萄灰霉病。该病危害葡萄花序、果穗和果实，有时也危害新梢和叶片，是一种真菌病害，为葡萄产前至产后贮藏期的一种主要病害。该病在我国南方的江苏、浙江、上海、湖南、湖北、四川及北方的山东、辽宁等地都普遍发生。病原菌是属半知菌亚门丝孢纲葡萄孢属的一种真菌，称葡萄灰孢霉菌。病菌主要通过伤口侵入。果实、果柄被害后，出现褐色凹陷的病斑，很快腐烂，在病斑上长出灰黑色的霉层，果梗变黑，不久在病斑上长出黑色块状的菌核。其防治方法见本书葡萄病虫害防治中的相关内容。

第二，葡萄青霉病。此病是葡萄贮藏期的常见病害。在包装箱里，一旦发病便迅速扩展，造成大量烂果，危害严重。由半知菌亚门丝孢纲青霉菌属真菌寄生所致。受害果实发病初期，出现浅褐色，逐渐变软腐烂，果梗和果粒表面常长出一层白色的霉层。开始，白色霉层较薄，为病菌的分生孢子梗和分生孢子，当大量形成时，霉层变厚，为青绿色，故称青霉病。受害果腐烂后有霉败气味。其防治方法与防治葡萄灰霉病的方法相同。

第三，葡萄酸腐病。该病是葡萄贮藏期的一种常见病害。通常是醋酸细菌、酵母菌、多种真菌和果蝇幼虫等多种微生物混合寄生所引起的病害。受害果粒腐烂，果皮开裂，病果流出果汁，闻之有醋酸味。当库内高温多湿、空气不流通时，果穗内先有个别果粒腐烂，其汁液流滴到其他果粒上，迅速引起其他果粒腐烂。其防治方法为控制贮运环境的温度在3℃以下，调控气体成分为氧气和二氧化碳含量均在5%以下，减少果实的机械伤口，并加贮藏保鲜剂进行控制。

第四，葡萄枝孢霉腐烂病。该病是葡萄贮藏期的主要病害之一。其病原是丝孢纲中多枝孢霉。其病症是在果皮下有明显黑色腐烂病斑，病斑扩散很慢，侵入深度较浅，受害组织较硬，并与果皮连在一起腐烂。一般损失不太严重，但影响销售。其防治方法同灰霉病。

第五，葡萄根霉腐烂病。此病分布较广，多发生在温暖、潮湿的环境中，是葡萄贮藏期的重要病害。病原菌属接合菌纲的黑根霉。葡萄受害初期，果粒变软，没有弹性，继而果肉破碎，流出汁液。在常温条件下，后期果粒表面长出较粗的白色菌丝体和细小的黑色点状物。在冷库中，菌丝体生长受到抑制，孢子囊呈致密的灰白或黑色团状物，紧附在果实表面。防治方法是控制贮运环境的温度在3℃以下，调控气体成分为氧气和二氧化碳的含量均在5%以下。减少果实机械损伤是预防此病的关键所在。

7. 微型(小型)节能冷库贮藏

微型节能冷库是在我国当前一家一户生产体制下产生的贮藏方式。该库型设计简单，投资少，见效快，深受广大果农的欢迎。

近年来，经过国内众多科研单位的积极推广，微型节能冷库获得快速发展。在辽宁、山西和陕西等地，微型节能冷库的贮藏保鲜已形成规模。

(1)微型节能冷库的设计 微型节能冷库的保温处理为聚氨酯喷涂，也可采用聚苯板、膨胀珍珠岩、稻壳等保温处理。采用聚氨酯喷涂或聚苯板隔热，需要做防护层，以防保温层破损。采用膨胀珍珠岩、稻壳等松散材料时，通常用双层墙(夹层墙)。防潮层可用沥青油毡或塑料薄膜。地面可用炉渣做保温层，但采用聚氨酯喷涂或聚苯板保温效果更好，冷库降温快，也节省电能。

①墙体隔热处理 外墙由围护墙(承重墙)、隔气防潮层、隔热层和内保护层组成(图 9-1)。围护墙体大部分是用砖砌成，隔气材料可采用沥青油毡，也可用塑料薄膜等，外墙厚度一般为 240 毫米或 370 毫米。若分成 2 个或 2 个以上库间，冷藏库的内墙厚度一般为 240 毫米。在同温库内或相邻两个贮藏间的温差小于 4℃时，内墙可以不做保温层；如相邻两库温差较大时，则需在间隔墙

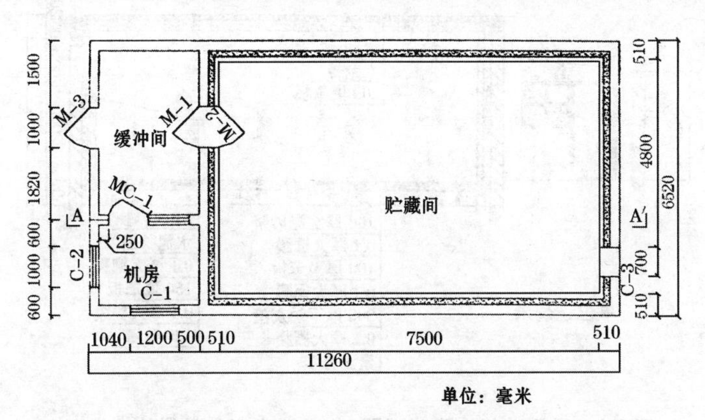

图 9-1 微型节能冷库平面图 (天津农产品保鲜技术中心)

M-1 标准保温门 M-2 防鼠防盗门 M-3 普通木制门

C-1 设备通风窗 C-2 进风口窗 C-3 保温换气窗 MC-1 机房门

上设隔热、防潮层。

②地坪隔热处理　冷库地坪一般由钢筋混凝土承重结构层、隔热层和防潮层组成。

③库顶隔热处理　冷库顶部的外围结构，除了要防止日晒、风沙和雨雾对库内的侵袭外，还要有隔热和稳定墙体的作用。库顶隔热措施有 2 种：一是在冷库屋面层上直接敷设隔热层，隔热层在库顶上面的称外隔热。二是将隔热层反贴在库顶内侧，称内隔热。隔热材料一般用轻质的块状隔热材料，如软木、聚苯板和聚氨酯喷涂等。

④保温门的制作　冷库保温门可自行制作，一般用两层木板间加放 100 毫米厚的聚苯乙烯泡沫板做成。也可采用聚氨酯发泡浇筑。为了坚固结实和预防吸潮，库门可用镀锌铁皮包裹。保温门一般宽 1 米、高 2 米左右即可(图 9-2)。

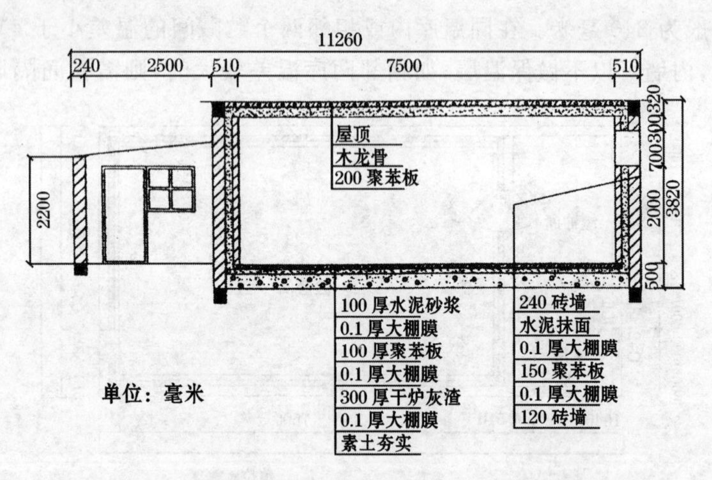

图 9-2　微型节能冷库剖面图　（天津农产品保鲜技术中心）

(2)冷库的规格及使用　微型冷库的容量大小，从十几吨到数十吨不等，这种库型最适宜果农家庭保鲜贮藏。它的优点是占地少,造价低,可用旧房、旧仓库改造而成,施工方便。新建库土建费用一般为每平方米500～800元。库的空间规格有80米^3、120米^3、150米^{3}和250米^{3}等。选用压缩机时,必须考虑冷库的保温结构。保温好的情况下,同容积冷库所需的压缩机功率(即制冷能力)比保温差的冷库可略低一些。微型冷库的使用操作过程如下。

①贮藏前准备　贮藏前,对库房做好清扫、消毒和灭鼠等工作,对冷库制冷系统性能进行检查和校正,一切正常后,开机制冷,使库温降至适宜的温度(一般为－1℃～0℃),然后再将果品入库贮藏。

②入库及码垛　果品采收后,应及时入库降温。贮藏包装应保证空气流通,码垛时货件之间应留有一定间隙,垛与垛、垛与墙、垛与库顶均要留有一定的空间,以利于通风降温。货垛要堆码牢固整齐,货垛间隙走向应与库内空气流通循环方向一致。

③中期管理　在果品贮藏过程中,应保持库温的稳定,一般要求库内温度变化幅度不能超过±1℃,要使用0.1℃或0.2℃分度值的水银温度计或电子温度计测量库内的温度。入库初期,每天至少检测2次库温与库内空气湿度,以后每天检测1次,并做好记录。每个库房至少有3个测温点。测温仪器每个贮季至少要校验1次,其误差不得大于±0.5℃。库内的冷点(即最低温度)不得低于最佳贮藏温度的下限,否则易发生冷害。要定期对果实外观色泽、硬度、口感和风味进行测评,发现问题要及时处理。

④出库　葡萄出库时,正值寒冬季节,要注意做好保温工作。打开包装后,应尽快出售,不宜再贮存。

十、产品营销及效益分析

（一）营销的基本概念

在现代营销管理中，营销(marketing)的定义是个人和集体通过创造，提供出售，并同别人自由交换产品和价值，以获得其所需所欲之物的一种社会过程。对于葡萄来说，营销就是指葡萄生产者通过劳动生产葡萄果品，然后出售给需要的人(如流通领域的经营者、消费者等)，并满足双方需要的一种交换过程。简单地说，就是从果农手中到消费者手中的整个交换过程。

（二）我国果品营销的现状

1. 果品营销非常重要

改革开放以来，我国果品生产迅猛发展。2004 年，我国果树种植面积达到 976.7 万公顷，果品产量超过 8 394.1 万吨，为世界第一大果品生产国。果品生产以商品交换为主要特征，只有通过市场买卖，产品才能变成商品，最终实现其价值。市场反馈的信息又对果品产业的发展起到导向和带动作用。如何搞好果品营销也就成为果品生产中非常重要的问题。我国从计划经济步入社会主义市场经济，果品市场随着市场经济的发展，逐渐地由卖方市场转向了买方市场。面对市场的变化，不少人一时还不了解市场，不懂得如何适应市场变化。然而，果品季节性生产很强，鲜果易烂，贮运条件要求高，市场风险大。卖果难、种果不赚钱等现象屡见不鲜。所以，广大生产者、经营者迫切需要掌握果品市场营销的知识和技能，以主动适应市场变化。

2. 果品营销尚有很大的发展空间

我国目前的果品营销，取得了很大的成绩，为果业的发展起到了很大的推动作用。但是，果品营销也还有一些不尽如人意的地方，主要有以下几个方面。

(1)果品采后处理手段落后 我国果品采后商品化处理水平低。这与国外果品采后统一进行预冷、分级、包装和冷藏贮运，形成了极大的差异，很难做到季产年销。由于产后处理手段落后，使生产的果品损耗率高，而且鲜果过于集中上市，导致低价销售，严重影响了果农的收益，难以实现优质优价，挫伤了果农的生产积极性。我国经过商品化处理后的水果量仅占总产量的1%左右，冷藏量不足30%。而美国的农业总投入中，70%用于采后商品化处理，水果采收后要经过分级、包装等一系列技术处理，运输、贮藏过程中的水果损失率不到5%，农产品产后产值和采收时自然产值比为3.7∶1，日本是2.2∶1，而我国只有0.38∶1。可见，我国的果品商品化处理技术与发达国家相比，还有相当大的距离。

(2)没有形成品牌和规模，宣传力度小 我国的果品销售大多停留在销售地批发和产地市场2种形式，还没有形成正规的销售网络。信息网络建设不健全，市场信息不畅，品牌意识不强，包装、质量和标签不规范等问题普遍存在，导致大多数果品销售难、价格低、效益差。我国的水果大部分都没有形成品牌，市场竞争力弱，价格不稳定，利润低。另外，我国对品牌保护的法律制度也不够完善，农民自身对品牌的保护意识淡薄，市场上假冒品牌的果品繁多，让消费者难以选择购买，影响了品牌的形象，逐渐失去了在市场竞争中的优势。

(3)营销体系松散,缺少有影响力的协会组织 现阶段,我国果品生产经营,大多是一家一户的零星经营、自产自销。除了少数经营出口业务的企业,把收购来的果实进行必要的分级、包装等商品化处理外,一般都在下树后就直接上市销售。即使是那些经营出口业务的企业,由于他们与果农间是纯粹的买卖关系,不存在利益共享、风险共担的机制,因此,收购的果实质量往往难以得到保证,果品的均匀性、标准化程度很低。现有的行业协会大多处于刚刚起步阶段,在资金、技术、领导能力等方面,还需进一步努力,才能更好地起到联系生产和市场的桥梁作用。在现阶段,大多数的行业协会对会员的果品销售插不上手,根本就不能进行统一协调,以形成整体效应和规模优势,难以增加在果品营销过程中的话语权。因此,整个果品营销体系缺乏系统化和规范化,处于分散无序的状态,造成水果价格不统一,起伏比较大,果农的收入和经济效益无法得到充分的保障。

(4)连锁经营少,中间环节多 在我国,绝大多数中小城市和农村,仍存在着多级批发的现象,层层加价后不得不抬高价格,消费者并未得到真正的实惠,生产者得到的利益也不多,多数利润被从事流通的经营者所获得。另外,超市经营、连锁经营等新的销售模式,在果品经营中还处于探索阶段。

(三)葡萄营销中存在的问题

1. 生产与市场脱节

葡萄栽培应以市场为导向,以质量为核心,充分满足消费者需求。目前,在葡萄营销中出现的问题有以下几种。

(1)品种单一,品种结构不合理 我国鲜食葡萄大部分产区以巨峰为主要品种。例如,山东省的巨峰品种占鲜食葡萄栽培的

80%左右，新品种比例偏小，品种老化、单一。鲜食葡萄从小粒型发展到大粒型，再发展到大粒无核型，这是世界鲜食葡萄的发展趋势。21世纪将是无核葡萄的世纪，"吃葡萄不吐葡萄皮"已成为新的时尚，无核葡萄必将是葡萄栽培发展的方向。美国1999年新注册的7个鲜食葡萄品种中，有6个无核鲜食品种。目前美国鲜食葡萄的80%为无核葡萄品种，澳大利亚市场上的鲜食葡萄多为无核葡萄品种，南美的智利80%以上出口的是无核葡萄。正因为智利以栽培无核葡萄为主，便使它在1996年以后的鲜食葡萄出口量超过意大利，居世界首位。而我国当前的品种结构很难跟国际市场接轨，出口量不大。

此外，早、中、晚熟品种结构不合理，成熟期过于集中，成熟期销售压力大，出现季节性相对过剩，而在反季节上市或面向个别消费人群的品种则相对较少，不能满足高档消费者对鲜食葡萄的需求。另外，鲜食与加工比例不协调。我国葡萄产量的80%以上用作鲜食，20%左右用于加工。而国外与我国比例正好相反，鲜食比例占到20%，加工比例占到80%。

(2)果品质量较差　虽然各地都有一些示范园实现了优质、高效生产，但我国葡萄产业整体还处于"高产、低质、低价"的低水平发展阶段。无论是鲜食葡萄还是酿酒葡萄，质量问题已经成为产业发展的瓶颈。虽然我国近年来制定了一系列国家和农业行业标准，对葡萄的生产和质量进行指导和规范，但是，由于种种原因，在相关标准的宣传和贯彻方面还不够。果农没有按照操作规程，安全、合理地使用农药和化肥，加上施肥、施药技术和机械不完善，因此既造成浪费，又污染环境。有数据显示，农药喷雾，实际附着于树体上的只有50%左右，施用肥料的当季利用率只有30%左右，这与国际的先进水平差距比较大。由于长期使用同一类农药和肥料，使药效和肥效大大降低，病虫抗药性变强，农药和肥料用量相应增加。这种生产方式，不但增加生产成本，造成土壤、生态环境的破坏,无法实现优质无公害生产栽培,而且导致果实外观品质差,果品中有毒有害物积累、超标现象较为普遍,影响人们的身体健康。因此,必须进行无公害、高质量的果品生产,只有这样,才能满足消费者不断提高的消费需求。

(3)包装和运输不合理 我国的葡萄生产大都没有对包装装潢引起足够的重视,仍普遍采用传统的纸箱和木箱,既缺乏市场竞争意识,又缺乏时代气息,直接影响到葡萄果品业的经营效果和经济效益,也严重阻碍着果品业的进一步发展。

(4)销售设施不尽科学,造成货架时间短缩 葡萄属于浆果类,与苹果、梨等相比,较不耐贮藏。因此,在葡萄的销售过程中,最好是冷链运输,在销售场所也应有制冷保鲜设备。而在我国,除大型商场或超市里有制冷设施外,大部分中小型批发市场都没有制冷措施,葡萄运输到达后24小时内就要售完,否则品质就会下降,甚至烂掉,影响了果品的贮藏寿命和增值。

2. 品牌竞争乏力

在市场竞争过程中,品牌如同商品的身份证,没有形成品牌,就没有市场竞争力。没有品牌,就形成不了规模优势和规模效益,就不能推动产业发展。我国的葡萄产业除了大家熟知的长城、王朝、张裕和通化等葡萄酒比较著名以外,鲜食葡萄基本没有形成知名品牌。果农也缺乏品牌意识,对产品的包装和宣传力度不够。随着市场的不断成熟和完善,以及竞争的不断加剧,那种“酒香不怕巷子深”的经营思想已经落伍,一流的产品也要靠科学的促销手段来扩大知名度,树立名牌地位。

3. 家庭小生产难以适应千变万化的大市场

我国的葡萄生产是千家万户的小生产。这种生产方式与千变万化的大市场是相互矛盾的。目前,我国葡萄生产主要是以家庭为单位的小规模分散经营模式为主，大多数果农还没有树立以市场需求为导向的果品生产的意识。果农生产管理落后，各自为战。乡级农技推广部门功能退化，生产管理特别是病虫害防治无法统一，多盲目行为，技术水平较低，资金不足，人才短缺，抗风险能力差，导致果品的商品性（果品的标准化、均一性等）较差。另外，葡萄销售规模也比较小，主要是果农在家等客户上门收购，市场信息不灵，销售渠道不畅，处于看天吃饭、凭运气售果的被动销售状态，与快速发展的市场经济很不适应，使果农的市场营销绩效差，产业整体效益下滑。而发达国家，如美国、日本和荷兰等，主要是大农场主、农业协会、果业合作组织等进行果品生产和销售，可以实现标准化、商品化生产和规模化销售的有机结合，最大限度地增加产业收益，提高生产者的收入水平。

（四）实行科学的营销方式

1. 提高果农的组织化程度

市场需求瞬息万变，果品生产要以市场为导向，以效益为中心，做好品种结构的调整和布局。一是在品种选择上，要突出名优特品种，积极引进国外的优良新品种进行储备。优良品种是开展商品化生产的基础，品种的好坏在很大程度上决定着果品的品质和市场价格，如红地球葡萄的价格约是巨峰葡萄的 2 倍。二是应该根据自己的条件和当地的消费水平，明确生产定位和销售市场，实现定向生产。如在大城市周围，应进行高档、优质葡萄的生产，或是建立以观光、旅游和采摘为目的的生产园，可以大幅度提高果品的价值。三是应该根据市场需求，合理调整早、中、晚熟品种的比例。如发展极早熟、极晚熟品种，延长上市时期，同时在技术、资金允许时，开发适宜设施栽培的优良品种。四是在选好优良品种的基础上，要加大研究制定与当地气候条件、土壤条件等相适应的配套栽培措施。如根据葡萄树体的生长势和架式，调节结果母枝分布情况和施肥量，并根据市场导向来决定果品的质量和产量，以满足市场和消费者日益提高的消费心理和需求。

在当地政府、有关技术部门的支持下，联合广大葡萄生产者建立果农协会等生产协会组织，实施统一技术、分散生产和集中走向市场的经营思路，以果农协会等组织为纽带，实现果品生产的标准化、优质化、商品化、基地化和规模化，提高生产者的市场竞争和可持续发展的能力，促进果品市场经济的发展，保护各方面的利益。

2. 制定和完善质量监督技术体系

20 世纪 70 年代，内地水果在我国香港市场上的份额占 50%。但是，到了现在这个比例下降到 15%左右，而美国水果却占了 50%。其主要原因就是我国内地的果品质量差，不能满足市场不断变化的消费需求。因此，目前市场果品营销的竞争主要在于质量的竞争。随着我国经济的快速发展和人民生活水平的大幅度提高，我国消费者对于水果的外观、商品整齐度及内在质量和食品安全性，提出了更高的要求，不仅讲究营养、健康和风味，更讲究品位和档次。这就要求生产者不仅要注意葡萄的内在品质，更要注重葡萄的外观品质，如整齐度、大小和色泽等。另外，为了确保果品的无公害安全生产，应从建园、品种选择、土肥水管理、病虫害防治、采收和贮运等方面入手，全面推广葡萄优质、安全和标准化生产技术，提高果农的技术水平。同时，尽快建立葡萄生产全程质量控制技术体系和产品质量安全认证体系，推广农药残留快速检测技术和果品市场准入制度，确保果品的食用安全。

3. 强化品牌意识

品牌理论源于 20 世纪日用消费品公司的需要。到底什么是品牌呢？从营销学角度讲，品牌是一种名称、术语、标记、符号或设计，或是它们的组合运用。其目的就是借以辨认某个销售者或某群销售者的产品或服务，并使之同竞争对手的产品和服务区别开来。从本质上说，通过一个品牌能辨认出销售者或制造者。葡萄作为商品，也应该有自己的品牌，这样，才能增强市场竞争力，稳定市场价格，保护生产者和消费者的利益。

当今是一个信息爆炸的时代，要想提高市场知名度，成为名牌产品，做好宣传工作十分重要。要改变"皇帝女儿不愁嫁"的思想，一方面通过报纸、广播、电视和网络等媒体，加大宣传广告力度，使人们充分认识到葡萄的营养和保健作用，另一方面要针对当地葡萄生产的特点，注册葡萄品牌，培育市场名牌，利用一切有利时机宣传推介葡萄产品。如利用各种新闻媒体举行促销活动，树立整体形象，塑造"产地"品牌，改被动销售为主动营销。此外，鼓励农民经纪人与果品营销公司参与葡萄的营销工作。在销售过程中，要注意分级销售和优质优价，并挂上标牌，注明品种、产地、品牌和等级等，以供消费者认识和选择。

4. 加强采后商品化处理

果实采后分级包装，是商品化处理的重要环节。一定的产品包装，不仅可以保护商品，便于运输、贮存和销售，而且能使人们触觉到名、优、特、高、新的果品档次，满足某些消费者的特殊需要，为生产经营者创造额外的利润。包装箱(筐、篓)规格的大小、样式和外观设计等，都要以消费者喜爱为标准，要求小型化、美观化、礼品化和多样化，箱体要具备坚固、耐压、防湿和通气的功能，还要能激发人们的购买欲，做到搬运方便，经济实用，外观美丽，特色醒目。

近几年来，国外食品包装逐渐向小型化、轻便化的趋势发展。葡萄属于浆果，果皮薄，果肉多汁，含有大量的水分，怕挤、怕压、怕碰撞，而且不耐贮存，极易腐烂变质。用大包装既不利于贮运和销售，也不便于携带和食用。所以"化整为零"、改大包装为小包装，是葡萄包装发展的必然趋势。由于消费者的消费观念和消费习惯不同，以及葡萄果品的档次和级别不同，果品的包装规格也应有所变化。供应城市居民的葡萄产品，尤其大中城市和出口外销的葡萄，宜用小包装；供应小集镇和广大农村的消费者，其包装则宜大一些。高档果、级别高的优等果品，宜用小包装。

包装除了要求小型化以外，也要向高档化、艺术化和实用化方向发展。如利用各地盛产的竹、藤、柳等编织原料，制作出具有民间工艺特色的包装容器，用来包装葡萄，可以说是一举多得的创意，不仅能更好地保护商品，便于贮运和销售，而且还可以起到美化商品，宣传商品，吸引顾客，提高顾客兴趣，诱发顾客购买欲望的作用。

包装也要有创意，要别具一格，引人注目。如湖北秭归脐橙在包装上印上了三峡的风光，凭借三峡的美名，每千克售价提升 0.5 元。包装要有自己的地方特色，要有一个好的定位。一个好听的名字，一个特色的商标，或一句生动的广告词，都能提高果品的知名度，吸引消费者的注意力。另外，为了避免有人假冒，应注意商标的独特性和易识别性，避免雷同。

5. 建立合理的流通体系

生产者、流通领域和其他行业，要组成生产销售一体化的利益共享的联合体，以减少过多的中间环节，增强市场信息传播的快捷性，提高经济效益，增加果品的市场竞争力。葡萄鲜果要求低温流通。因此，在葡萄的流通过程中要注意建立冷链系统，不仅能保持鲜食性和货架期，还能延长流通链。这是葡萄流通的发展趋势。完整的果品冷链系统，是由果品预处理、果品冷库、冷藏运输车和销地冷库组成。一般情况下，葡萄下树包装后，要在冷库预冷 1 天多。运输时最好用冷藏车(船)。流通中还要注意加快流通速度，减少流通环节。葡萄的营销不同于苹果和梨，也不同于柑橘、油桃等其他水果，运抵市场后最好速战速决，在几小时内销售完毕，最多不要超过 24 小时。因为车厢一旦打开，随着时间的推移，果品温度会迅速增高，烂果、裂果随之增加，效益会急剧下降。

此外，还要建立贮、运、销相结合的批发市场，实现贮、运、销一体化，对推动葡萄产业发展，具有重要作用。

附录　我国葡萄主要产区作业历

附录1　东北地区葡萄园作业历(辽宁兴城地区)

时　期	物候期	主　要　作　业
1～3月份	休眠期	1. 制订全年工作计划和签订承包合同;2. 人员技术培训;3. 维修药械、工具;4. 购置农药、工具和用品;5. 积肥、运肥;6. 检查种苗贮藏情况;7. 加强保护地管理;8. 第一次撤除防寒土;9. 果窖管理
4月上中旬	树液开始流动期	1. 熬制石硫合剂;2. 整修道路及渠道;3. 剪截种条,准备催根;4. 埋正支柱、紧铁丝;5. 第二次撤除防寒土;6. 苗圃整地、施肥、做垄;7. 温室管理
4月下旬至5月上旬	萌芽期	1. 山桃花开时葡萄出土、上架、绑蔓;2. 扒老翘皮后喷铲除药剂,在冬芽鳞片开裂膨大前喷3～5波美度石硫合剂;3. 追施催芽肥和灌水;4. 第一次抹芽,当冬芽已长到黄豆粒大时留大而扁的主芽,其余无用芽抹掉;5. 地膜覆盖育苗;6. 大树根部覆膜,增温催芽;7. 新园定植及间作
5月中下旬	新梢生长期	1. 第二次抹芽,将过密、过小芽抹掉;2. 新梢长20厘米左右,可看出花序时,第一次定枝,将位置不正及无花序枝抹掉,优良品种选留绿枝接穗;3. 追施催条肥(三元复合肥);4. 花前喷药防病,一般喷1∶0.5∶200倍波尔多液,或50%多菌灵可湿性粉剂800倍液,或喷洒80%代森锰锌可湿性粉剂600倍液;5. 育苗地开始绿枝嫁接;6. 疏花序,粗壮枝留1～2个花序,中庸枝留1个花序,弱枝不留;7. 加强保护地管理;8. 及时引绑新梢

续附录 1

时 期	物候期	主 要 作 业
6月份	开花期及果实生长期	1. 花前7～10天追开花肥(复合肥)、灌催花水,喷0.2%硼砂溶液,提高坐果率;2. 花后及时喷药防病,重点防治黑痘病、白腐病;3. 花期停止灌水,注意雨后排水;4. 继续绿枝嫁接育苗;5. 新梢及时引绑;6. 新梢及时摘心和副梢处理;7. 落花后10天追催果肥及灌水;8. 疏果粒,在自然落果后,将过密、过小及畸形粒疏掉
7月份	果实生长期及新梢生长期	1. 整修果穗,大果穗品种要将副穗和上部1～2个支穗疏掉,并将1/4穗尖剪去;2. 防治黑痘病、白腐病和霜霉病,要及时对症施药,喷多菌灵、福美双或乙磷铝500倍液;3. 加强苗圃管理,重点除萌蘖和防病;4. 新梢摘心后,顶部的1～2个副梢留5～6片叶摘心,第二、第三次副梢和中部副梢留1片叶摘心,并抹除副梢的腋芽;5. 第二次疏果粒标准:平均粒重11克以上品种,每穗留35～40粒,粒重8～10克的品种留41～45粒,粒重6～7克品种,每穗留46～50粒;6. 调叶幕光照;7. 及时中耕除草
8月份	早熟品种果实着色成熟期	1. 加强病虫害防治,主治黑痘病、霜霉病和白腐病;2. 副梢摘心及调节架面叶幕,使其通风透光;3. 苗木摘心,喷0.3%磷酸二氢钾和引枝;4. 早熟品种采收上市;5. 间作管理;6. 剪除病果、病枝,深埋;7. 结合喷药喷施0.3%磷酸二氢钾和钙、镁、锰、锌等微肥,促进果实着色和枝条木质化
9月份	中熟品种果实着色成熟期	1. 中晚熟品种采收上市,注意包装、运输外销;2. 调节叶幕层,将遮光老叶及新梢副梢回缩;3. 注意防治病虫害,喷施50%多菌灵可湿性粉剂800倍液,或1∶0.5∶200倍波尔多液;4. 贮藏窖消毒灭菌;5. 采收完的品种秋施基肥;6. 准备起苗,拴好品种名牌,防止混杂

续附录 1

时　期	物候期	主　要　作　业
10 月份	晚熟品种采收及冬剪	1. 晚熟品种采收及开始施基肥；2. 新建园挖定植沟，每 667 $米^2$ 混入农家肥 5000 千克，回填及灌水；3. 冬季修剪，优良品种及砧木采种条，拴好名牌，防止混乱；4. 清扫园地，对枯枝病叶烧掉或深埋；5. 苗木除杂，拴牌起苗；6. 开始冬剪，剪后下架，顺行一株压一株捆好；7. 主蔓基部垫好土枕，以免埋土压断；8. 苗木入窖贮藏；9. 种条用沙埋藏
11 月份	防寒期	1. 灌封冻水，埋土防寒；2. 防寒沟灌封冻水；3. 加强管理果窖；4. 查点农药及检修药械、农具
12 月份		1. 全年工作总结；2. 购买农药、工具；3. 积肥运粪；4. 加强果窖管理

附录 2　华北地区葡萄园作业历(北京地区)

时　期	物候期	主　要　作　业
1月份至3月上中旬	休眠期	1. 制订全年工作计划和签订承包合同;2. 人员技术培训;3. 准备农药、工具;4. 检修药械、农具;5. 埋正立柱、紧铁丝等;6. 熬制石硫合剂;7. 加强果窖及温室管理;8. 第一次撤除部分防寒土
3月下旬至4月中旬	树液开始流动期	1. 撤除防寒土;2. 山桃初花期撤除防寒秸秆;3. 扒老翘皮;4. 覆膜增温、保湿;5. 上架绑蔓;6. 施肥(农家肥加尿素)后灌水;7. 整育苗地、施肥、做畦或做垄;8. 加强果窖及温室管理
4月中下旬	萌芽期	1. 在冬芽鳞片开裂膨大前喷3～5波美度石硫合剂,铲除越冬病虫害,如黑痘病、白腐病、白粉病、红蜘蛛、锈壁虱、粉蚧等;2. 灌水后适时中耕除草;3. 第一次抹芽,当芽长到黄豆粒大时,留中间大而扁的主芽,其余芽抹掉;4. 在芽长出10厘米可看出花序时,进行第二次抹芽与第一次定枝,并抹掉主蔓基部的萌蘖芽和结果母枝基部无用的芽;5. 苗圃地扦插育苗
5月上中旬	新梢生长期	1. 新梢长20厘米左右时第二次定枝,在结果母枝上选留好结果枝和预备枝,其余无用枝疏去,优良品种留绿枝接穗;2. 采集优良品种绿枝接穗开始嫁接育苗;3. 预防黑痘病,花前喷1次波尔多液(1∶0.5∶200)或50%多菌灵可湿性粉剂800倍液;4. 开花前7～10天追催花肥、灌水及喷0.2%硼酸,提高坐果率;5. 注意引绑新梢;6. 加强保护地管理

续附录2

时　期	物候期	主　要　作　业
5月下旬	开花期及新梢生长期	1. 对易落花落果品种，如巨峰、玫瑰香等，要在开花前4～5天摘心，花序上留5～6片叶摘去嫩尖；2. 对坐果率高的品种，如藤稔、京秀等，要在初花期于花序上留5～7片叶摘心；3. 新梢顶端1～2个副梢留5～6片叶摘心；4. 花序下的副梢要尽早抹掉，新梢中部的副梢留1片叶摘心，第二次副梢再留1片叶摘心，并抹除副梢腋芽防止再生；5. 粗壮结果枝留1～2个花序，中庸枝留1个花序，弱枝疏掉花序变成营养枝；6. 温室果实采收
6月份	新梢生长及果实膨大期	1. 花后7天果实膨大期要追施复合肥或腐熟人粪尿并及时灌水；2. 花后及时喷药，防治黑痘病、白腐病和褐斑病，用退菌特和波尔多液交替使用；3. 采用绿枝劈接繁殖优良品种；4. 疏果粒，将过密、过小或过大、畸形果疏掉；5. 修整果穗，将大果穗上部2～3个支穗和1/4穗尖剪掉；6. 新梢加强引绑；7. 花后防治黑痘病、白腐病和灰霉病；8. 花期停止灌水，注意降雨后排水
7月份	浆果膨大期及早熟品种成熟期	1. 防病为中心，每隔10～15天用两种以上农药交替喷洒效果好；2. 加强夏季修剪，对延长枝、预备枝进行摘心，副梢也及时摘心；3. 加强苗木管理；4. 注意及时灌水与排水，要求排灌通畅；5. 结合喷药加入0.2%钙、镁、锌等微肥；6. 早熟品种采收上市
8月份	早熟品种成熟及新梢生长期	1. 结合喷药加入0.3%磷酸二氢钾溶液，每隔10天喷1次，共喷3～4次；2. 早中熟品种适时采收上市销售；3. 晚熟品种调节叶幕层光照，促进着色增糖；4. 注意防治病虫，保护叶片；5. 采收及包装物备齐；6. 贮藏窖消毒杀菌；7. 及时中耕除草；8. 加强苗圃地管理

续附录2

时 期	物候期	主 要 作 业
9月份	中熟品种果实着色及成熟期	1. 注意架面通风透光；2. 喷施0.3%磷酸二氢钾溶液，全年4～5次；3. 中晚熟品种适时采收上市；4. 注意喷药保护叶片，促使枝蔓充实成熟和花芽分化良好；5. 采收完的品种秋施农家肥；6. 准备起苗，拴好品种名牌，防止混杂
10月份	晚熟品种果实成熟期及冬剪	1. 晚熟品种大量采收，外运与贮藏；2. 秋施基肥，每株100千克农家肥和混少量磷酸钙、硫酸钾；3. 施基肥后灌足封冻水；4. 苗木起、运、包装、贮藏、销售；5. 冬季修剪，采种条，拴好名牌；6. 清扫枯枝病叶并烧掉；7. 葡萄主蔓基部垫好土枕，防止埋土压断；8. 葡萄下架，顺蔓捆好，覆盖防寒秸秆或麦草等物
11月份	秋施肥及防寒期	1. 灌封冻水，集中力量进行葡萄培土防寒，第一次注意培土均匀，无大土块，防止透风，第二次按当地地表下－5℃的冻土厚度就是防寒土厚度，按当地冻土深度的1.8倍为防寒土的宽度进行埋土防寒；2. 苗木及种条注意拴好名牌，开沟用沙土或河沙埋藏越冬
12月份		1. 全年工作总结；2. 检修喷药机械、农具；3. 清理查点农药、化肥

附录3 中部地区葡萄园作业历(河南郑州地区)

时 期	物候期	主 要 作 业
1～2月份	休眠期	1. 制订全年工作计划和签订承包合同;2. 购置生产资料;3. 冬季修剪与种条采集;4. 清扫园地,烧毁枯枝病叶;5. 整修架材;6. 土壤干旱时灌水;7. 保护地育苗管理;8. 刮除老翘皮,烧毁;9. 人员技术培训;10. 熬制石硫合剂
3月份	休眠期	1. 新建园定植或补植苗木;2. 露地育苗催根处理;3. 育苗地施肥、整地、做垄或做畦;4. 育苗地喷除草剂、覆膜、扦插及插后灌水;5. 枝蔓上架、引绑;6. 喷铲除药剂,在萌芽前期喷3～5波美度石硫合剂防治病虫效果好;7. 追催芽肥及灌催芽水;8. 硬枝嫁接及高接换种
4月份至 5月上旬	萌芽期及 新梢生长期	1. 露地育苗扦插及管理;2. 注意防治黑痘病、灰霉病和瘿螨;3. 第一次抹芽,当芽长到黄豆粒大时,留大而扁的中间芽,其余的副芽、隐芽、无用芽抹掉;4. 当新梢长20厘米左右时定枝和疏掉过多的花序;5. 花前3～5天于花序上留5～7片叶摘心;6. 当新梢长30厘米左右要及时引绑;7. 花前7～10天追肥、灌水和叶面喷0.2%硼砂;8. 花前5～7天对黑痘病、炭疽病、霜霉病和短须叶螨等病虫喷药防治
5月中旬至 6月上旬	开花期及 新梢生长期	1. 新梢引绑;2. 花前7～10天灌水与喷硼;3. 定枝,在结果母枝上选留位置正、粗壮的结果枝和预备枝,对其余无用枝剪掉或作绿枝接穗;4. 疏花序,对粗壮的结果枝留1～2个花序,中庸枝留1个花序,预备枝一般不留花序;5. 第一次疏果粒,将过小、过密和畸形粒疏掉;6. 花后及时喷药,主要针对黑痘病、白腐病和灰霉病;7. 加强苗圃地管理;8. 压蔓补株和压条育苗;9. 将花序下副梢尽早抹掉,有利于坐果;10. 除掉卷须,绿枝嫁接繁殖优良品种

续附录 3

时　期	物候期	主　要　作　业
6 月中旬至 7 月中旬	果粒生长期及新梢生长期	1. 果穗修整，对大果穗、大果粒的品种，要将副穗和上部 1～2 个支穗疏掉，并剪去 1/4 穗尖；2. 疏果粒，对粒重 10 克以上品种，每穗留 40 粒左右，果粒重 8～9 克的品种留 41～45 粒，粒重 6～7 克品种，每穗留 46～50 粒；3. 副梢处理，主梢摘心后，顶端 1～2 个副梢留 5～6 片叶摘心，新梢中部的副梢一律留 1 片叶摘心，并抹除副梢的腋芽，防止再生；4. 对黑痘病、白腐病、霜霉病、炭疽病和红蜘蛛的防治要对症施药，及时防治
7 月下旬至 8 月上旬	果实着色与成熟期	1. 早中熟品种的采收销售；2. 注意调整叶幕结构，使其通风透光；3. 加强苗圃地管理；4. 对炭疽病、白腐病、霜霉病等及时喷药防治；5. 在 7～8 月份，每隔 10～15 天结合喷药加 0.3%磷酸二氢钾及钙、镁、锰、锌等微肥，促进果实成熟和枝条木质化；6. 注意灌水和排水，要保持土壤水分相对稳定；7. 及时中耕与除草
8 月中下旬至 9 月上旬	果实成熟期	1. 成熟品种及时采收销售；2. 采收后施基肥及灌水；3. 注意防治病虫害，重点是霜霉病；4. 加强苗圃后期管理；5. 做好采收各项准备工作；6. 贮藏窖消毒杀菌
9 月中旬至 10 月份	果实采收期	1. 果实成熟及时采收与销售；2. 苗木拴牌准备出圃；3. 准备基肥；4. 苗木出圃分级贮藏与销售；5. 彻底清扫果园，将枯枝病叶烧掉或深埋；6. 新园秋栽；7. 施基肥，以农家有机肥为主
11～12 月份	冬剪及防寒期	1. 冬剪和采集种条；2. 贮藏窖管理；3. 种苗、种条贮藏管理；4. 秋施基肥；5. 灌足封冻水；6. 清扫园地；7. 园地深耕施肥

附录4　西北地区葡萄园作业历(宁夏银川地区)

时　期	物候期	主　要　作　业
1～3月份	休眠期	1. 制订新的年度管理计划；2. 人员技术培训；3. 购买化肥、农药、工具；4. 熬制石硫合剂；5. 温室管理；6. 果窖管理；7. 田间防寒检查
4月份	休眠期	1. 修整田间渠道；2. 撤除防寒土(分两次撤完)；3. 扶正水泥柱和拉紧铁丝；4. 引蔓上架；5. 在芽萌动而未发芽前喷布3～5波美度石硫合剂；6. 温室管理；7. 种条剪截、催根
5月份	萌芽期	1. 新区苗木定植；2. 老园追施催芽肥、灌催芽水；3. 抹芽及除根部萌蘖；4. 按间距定枝，多余者疏掉；5. 按负载量每667米^{2}定产1500～2000千克留花序，多余者疏掉；6. 结果枝在花序上留5～7片叶摘心；7. 喷波尔多液防治黑痘病；8. 温室管理；9. 育苗地整地、覆膜、扦插及灌水
6月份	开花期及新梢生长期	1. 开花前7～10天喷布0.2%硼酸；2. 疏花穗、疏果粒；3. 花期不灌水，注意排水；4. 及时抹掉花序下副梢；5. 结果枝摘心后的副梢留1片叶反复摘心；6. 喷杀菌剂防治黑痘病；7. 温室葡萄成熟采收；8. 苗圃地管理(除萌、引绑、防病虫)
7月份	果实膨大期及新梢生长期	1. 继续疏穗、稀粒；2. 追施催果肥和灌催果膨大水(以叶面喷施磷、钾肥为主，混加钙、镁、锰、锌等微肥)；3. 加强夏季修剪，调节叶幕光照；4. 注意防治黑痘病、白腐病；5. 苗圃地管理；6. 早熟品种采收
8月份	果实着色及成熟期	1. 早熟品种采收上市；2. 防治白腐病、霜霉病、黑痘病、炭疽病和葡萄虎蛾；3. 调节叶幕光照；4. 结合防病喷药加入0.3%磷酸二氢钾，共3～4次

续附录4

时　期	物候期	主　要　作　业
9月份	果实着色及成熟期	1. 晚熟品种采收；2. 准备起苗；3. 采收后施基肥；4. 果窖消毒杀菌；5. 新建园挖定植沟(深、宽各1米)；6. 开始冬剪，注意选留种条；7. 清扫枯枝病叶，烧毁
10月份	施肥期及冬剪期	1. 继续施基肥；2. 灌水；3. 准备防寒物、机械；4. 葡萄入窖管理；5. 起苗假植；6. 苗木拴牌，越冬贮藏；7. 品种枝条采集贮藏；8. 灌封冻水
11月份	防寒期	1. 垫围脖土或称垫土枕，防止埋土压断；2. 开始埋土防寒，土壤湿度大时要分2次上土；3. 取土位置要求距树根1米之外，以防根部冻害；4. 防寒土厚度40厘米以上，宽度1.5～1.8米，防寒土宽度是当地冻土厚度的1.8倍，防寒土的厚度是当地的地表到－5℃的土层厚度；5. 葡萄苗木及种条贮藏
12月份	冬季休眠期	1. 年度总结；2. 加强果窖管理；3. 检修农机具、药械；4. 清点农药和化肥

注：参考张国良资料。

附录5 上海地区葡萄园作业历

时 期	物候期	主 要 作 业	备 注
1月份	休眠期	制订全年工作计划,结束冬季修剪,各种机具维修,整理支架,调换架面锈烂铁丝,遇到冬旱及时灌溉	苗圃地深翻施基肥
2月份	休眠期	继续上月未完工作。枝蔓引绑,熬制石硫合剂,春植葡萄	
3月份	树液流动期至萌芽期	发芽前喷布3～5波美度石硫合剂,就地改接换种,施追肥	苗圃扦插育苗
4月份	萌芽展叶期	抹芽定梢,第一次喷1∶1∶240倍波尔多液,中耕除草,越冬绿肥作物翻耕埋青,检查病害及葡萄红蜘蛛,发现黑痘病和灰霉病要及时喷78%波尔·锰锌粉剂或15%亚胺唑可湿性粉剂防治,部分品种绑新梢,整理排水沟,播种行间覆盖作物	苗圃地锄草
5月份	新梢生长期至开花期	新梢摘心,继续绑扎,除副梢,花穗处理,除卷须,进行多次结果处理,第二次喷波尔多液并根外追肥,施磷、钾肥及微量硼肥,中耕除草,检查葡萄透翅蛾及葡萄红蜘蛛,花前防治灰霉病和黑痘病,喷70%甲基硫菌灵可湿性粉剂800倍液或50%多菌灵可湿性粉剂800倍液	幼苗锄草,施追肥
6月份	幼果生长期	控制副梢,结合第三次喷波尔多液(1∶2∶200)或50%多菌灵可湿性粉剂800倍液,根外追施磷、钾肥,中耕除草,谢花后追施氮肥,天旱时灌水	扦插苗设临时支柱,摘心引缚,处理副梢,第一次喷波尔多液(1∶1∶200),施追肥

续附录 5

时　期	物候期	主　要　作　业	备　注
7 月份	硬核期至果实着色期	根据制订的病虫防治计划喷药，注意防治灰霉病、黑痘病、霜霉病，喷 50%多菌灵可湿性粉剂 800 倍液，剪除病果，天旱时灌水，行间覆盖作物就地埋青或刈割集中覆盖，清耕地继续中耕除草，做好早熟、中熟葡萄的采收准备	幼苗抗旱追肥，继续绑扎，处理副梢，第二次喷波尔多液，中耕除草
8 月份	果实着色至果实成熟期	早熟、中熟品种采收，晚熟品种继续喷药保果，剪副梢，防除鸟害，中耕除草，注意防治霜霉病、灰霉病和锈病，喷 40%乙磷铝可湿性粉剂 200 倍液或 1∶2∶180 波尔多液	苗圃地中耕除草，第三次喷波尔多液
9 月份	果实成熟期	中晚熟、晚熟葡萄采收，中耕除草，采收后喷药防治霜霉病、白粉病、灰霉病、炭疽病，喷 66.8%丙森锌·缬霉威 800 倍液或 25%三唑酮可湿性粉剂 1500 倍液	
10 月份	枝蔓成熟期	中熟品种二次果采收，检查病虫枝，中耕除草，播种黄花苜蓿，结束采收，准备基肥，做好秋季定植准备	
11 月份	落叶期	清洁田园，深耕施基肥，播种蚕豆，秋季新辟葡萄园地定植，做好冬季修剪准备（包括插条沙藏准备）	苗木出圃和假植

续附录5

时 期	物候期	主 要 作 业	备 注
12月份	休眠期	冬季修剪,整理插条沙藏,继续施基肥,架面铁丝涂水柏油	

注:参考《上海葡萄栽培》,葛根,1981年。

附录6 葡萄农药安全使用标准表

商品名或通用名称	剂型	防治对象	667 米^{2}用制剂量或使用倍数	生长期最多使用次数	安全间隔期（天）	最大残留量（毫克/千克）
百菌清	75%可湿性粉剂	黑痘病、白粉病等	600～700 倍液	4	21	gb≤1 fb≤0.5
甲霜灵	25%可湿性粉剂	霜霉病	500～700 倍液	3	21	gb≤1
波尔多液	80%可湿性粉剂	霜霉病、炭疽病、黑痘病、酸腐病等	400 倍液	5	7	gb≤10
氢氧化铜	77%可湿性粉剂	霜霉病、炭疽病等	900～1200 倍液	3	7	gb≤1
波尔多液	配制	霜霉病、炭疽病、黑痘病等	200～240 倍液	3	10	gb≤10
石硫合剂	熬制或制剂	黑痘病、白粉病、毛毡病、介壳虫等		2	15	
松脂酸铜	12%乳油	霜霉病、黑痘病等	210～250 克	5	7	gb≤1
嘧啶核苷类抗生素	2%、4%水剂	白粉病、锈病	2%制剂 200 倍液	2		
多氧霉素	10%可湿性粉剂	灰霉病等	10%WP：100～150 克	2	7	

续附录 6

商品名或通用名称	剂　型	防治对象	667 米^{2}用制剂量或使用倍数	生长期最多使用次数	安全间隔期（天）	最大残留量（毫克/千克）
波尔·锰锌	78%可湿性粉剂	霜霉病、炭疽病、黑痘病、白腐病、灰霉病、房枯病等	500～600 倍液	3	10	
代森锰锌	80%可湿性粉剂、42%悬浮剂	霜霉病、炭疽病、黑痘病等	80%WP：100～190 克、42%SC：190～350 克	3	10	gb≤5
福美双	50%可湿性粉剂	白腐病、炭疽病等	500～1000 倍液	2	30	gb≤0.2
胂·锌·福美双	50%可湿性粉剂	黑痘病、炭疽病等	500～1000 倍液	1	30	gb≤0.2
甲基硫菌灵	70%可湿性粉剂	炭疽病、黑痘病、白腐病、灰霉病等	1000 倍液	2	30	fb≤10
多菌灵	50%可湿性粉剂	炭疽病、黑痘病、白腐病、灰霉病等	600～800 倍液	2	30	gb≤0.5
多菌灵＋福美双	40%可湿性粉剂	霜霉病、白腐病等	670～1000 倍液	1	30	

续附录 6

商品名或通用名称	剂型	防治对象	667 米^{2}用制剂量或使用倍数	生长期最多使用次数	安全间隔期（天）	最大残留量（毫克/千克）
烯唑醇	12.5%可湿性粉剂	黑痘病、白腐病等	4000 倍液	1	21	gb≤0.1
腐霉利	20%悬浮剂 50%可湿性粉剂	灰霉病	25～50 克	2	14	fb≤10
异菌脲	50%可湿性粉剂	灰霉病等	100 克	1	7	fb≤10
烯唑醇＋代森锰锌	32.5%可湿性粉剂	黑痘病、白腐病等	400～600 倍液	1	21	
噁唑菌酮＋代森锰锌	68.75%水分散粒剂	霜霉病	800～1200 倍液	1	30	
烯酰吗啉	69%水分散粒剂、69%可湿性粉剂	霜霉病	135～165 克	1	7	
多菌灵＋井冈霉素	28%悬浮剂	白腐病等	1000～1250 倍液	1	30	
三乙膦酸铝	80%可湿性粉剂	霜霉病等	100 克	2	15	
霜脲氰＋代森锰锌	72%可湿性粉剂	霜霉病	135～160 克	1	7	

续附录 6

商品名或通用名称	剂　型	防治对象	667 米^{2}用制剂量或使用倍数	生长期最多使用次数	安全间隔期（天）	最大残留量（毫克/千克）
亚胺唑	5%、15%可湿性粉剂	黑痘病等	15%WP:3500 倍液	2	28	
三唑酮	20%、25%可湿性粉剂	白粉病、锈病、白腐病等	30%EC:5000～10000 倍液	1	20	gb≤0.2
乙烯菌核利	10%可湿性粉剂	灰霉病	50% WP:75～100 克	2	7	fb≤0.5
嘧霉胺	40%胶悬剂	灰霉病	63～94 克	2	21	
高效氯氰菊酯	10%乳油	多种虫害		2	21	gb≤0.1
敌百虫	80%可溶性粉剂	多种虫害		1	28	gb≤0.1
辛硫磷	50%乳油	多种虫害		1	15	gb≤0.05
氯氰菊酯	10%乳油	多种虫害		2	21	gb≤0.1
贝塔氯氰	4.5%乳油	多种虫害		2	21	gb≤0.1
杀螟硫磷	50%乳油	多种虫害		1	30	gb≤0.5 fb≤0.5

续附录 6

商品名或通用名称	剂　型	防治对象	667 米^{2}用制剂量或使用倍数	生长期最多使用次数	安全间隔期（天）	最大残留量（毫克/千克）
四螨嗪	50%悬浮剂	螨虫：锈壁虱、短须螨等	20%SC：1600～2000 倍液	1	30	gb≤1
三唑锡	25%可湿性粉剂	螨虫：锈壁虱、短须螨等	1000～1500 倍液	2	30	gb≤0.2
草甘膦	41%水剂	杂　草	150～400 克	2	15	gb≤0.1
莠去津	48%可湿性粉剂	一年生杂草	313～415 克	2	30	
赤霉素	40%水溶性片剂	果实膨大、无核处理	2000～8000 倍液	2	45	
萘乙酸	20%粉剂	插条处理、促进生根、提高成活	1000～20000 倍液	1		
氯吡脲	0.1%可溶性液剂	保花、保果、果实膨大	500～1000 倍液	1	45	
噻苯隆	0.1%可溶性液剂	花期保花、保果	1670～2500 倍液	1		

注：1. 引自王忠跃、晁无疾，第三次全国南方葡萄会议资料《葡萄的无公害食品生产中的病虫害防治》，2002 年，浙江海盐。

2. gb 表示国家标准，fb 表示 FAO 标准。

3. WP 指可湿性粉剂，EC 指乳油，SC 指悬浮剂。

参考文献

[1] 刘捍中．葡萄优良品种高效栽培[M]．北京:中国农业出版社,2003.

[2] 刘捍中．葡萄栽培技术(第二次修订版)[M]．北京:金盾出版社,2005.

[3] 刘捍中,程存刚．葡萄生产技术手册[M]．上海:上海科学技术出版社,2005.

[4] 刘捍中,刘凤之．葡萄无公害高效栽培[M]．北京:金盾出版社,2004.

[5] 翟衡,修德仁,温秀云．良种良法葡萄栽培[M]．北京:中国农业出版社,1998.

[6] 严大义,才淑英．葡萄优质丰产栽培新技术[M]．北京:中国农业出版社,1997.

[7] 杨治元．葡萄无公害栽培[M]．上海:上海科学技术出版社,2003.

[8] 王忠跃,晁无疾．葡萄无公害食品生产中的病虫害防治[M]．第三次全国南方葡萄会议资料,2002.

[9] 邱强．原色葡萄病虫图谱(第三版增补本)[M]．北京:中国科学技术出版社,2001.

[10] 王文辉,许步前．果品采后处理及贮藏保鲜[M]．北京:金盾出版社,2003.

[11] 赵常青,蔡久博,吕冬梅．现代设施葡萄栽培[M]．北京:中国农业出版社,2011.

[12] 孔庆山．中国葡萄志[M]．北京:中国农业科技出版

社,2004.

[13] 贺普超．葡萄学[M]. 北京:中国农业出版社,1999.

[14] 贾小红,黄元仿,徐建堂．有机肥料加工与施用[M]. 北京:化学工业出版社,2002.

[15] 吕佩珂,苏慧兰,宠震,等．中国现代果树病虫原色图鉴[M]. 北京:蓝天出版社,2010.

[16] 赵奎华．葡萄病虫害原色图鉴[M]. 北京:中国农业出版社,2006.

[17] 张一萍．葡萄病虫害诊断与防治[M]. 北京:金盾出版社,2005.